南美白对虾土塘创新
生态养成关键技术

李　生　朱旺明　蓝汉冰　编著

海洋出版社
2025年·北京

图书在版编目(CIP)数据

南美白对虾土塘创新生态养成关键技术 / 李生，朱旺明，蓝汉冰编著. -- 北京 : 海洋出版社，2025. 3.
ISBN 978-7-5210-1322-1

Ⅰ. S968.22

中国国家版本馆CIP数据核字第2024DX9007号

责任编辑：杨　明
责任印制：安　森

海洋出版社 出版发行
http://www.oceanpress.com.cn
北京市海淀区大慧寺路 8 号　　邮编：100081
侨友印刷（河北）有限公司印刷　　新华书店经销
2025年3月第1版　　2025年4月第1次印刷
开本：787mm × 1092mm　1 / 32　印张：5
字数：139千字　定价：28.00元
发行部：010-62100090　　总编室：010-62100034
海洋版图书印、装错误可随时退换

前 言

我国是养虾大国。据报道，我国对虾养殖年产140万吨，位居世界首位，成为我国海水养殖中发展最快、规模最大、效益最好的支柱产业。

随着我国经济的飞速发展，人民生活水平迅速提高，对虾类的需求也猛增。有报道指出，我国目前对虾的年缺口50万～70万吨，发展对虾养殖大有前途，它对改善营养结构、拉动农村经济、增加农民收入有重大意义。

土塘又称外塘，是指底质为泥的养殖池塘，是人工挖成后直接养殖对虾。按珠江三角洲地区虾农反映，如果南美白对虾养殖成功，每千克成本为24元左右，而在虾塘卖出的价格都在每千克48元左右，因此，只要养殖成功，都有钱赚，而且总是供不应求，特别是虾塘出售的活虾。

南美白对虾在我国养殖已有30余年历史，它是高风险、高投入、高效益产业，可以在很短时间内致富，也可以在很短时间内破产，其重要原因之一是对虾在养殖过程中很容易发病，而一旦发病又不容易治好，损失惨重，每年在同一地区，有些虾农养虾成功，而有些养虾失败，其原因是养殖技术是否到位。

土塘养殖南美白对虾是最普遍、面积最广的养殖方法。近年来，土塘养殖的南美白对虾，连续多年在许多地区有80%左右亏本。许多虾农已无力再继续养虾而转行，更多的是停产、转产、塘租下降、虾塘荒废。其重要原因之一是环境污染和养殖技术的错误。

笔者从事对虾养殖与研究已有30余年，其中近五年在广州南沙区新垦镇从事南美白对虾土塘养殖，有成功经验，也有失败教训，对土塘养殖南美白对虾有许多新的认识。为此，特将笔者长期在虾塘养殖南美白对虾的技术积累，结合近年来国内最新对虾养殖理论和技术写成本书。

本书共分三章，以讲座形式，把土塘养殖南美白对虾成功的关键技术，分先后逐一分析，使虾农掌握养虾成功的每一个环节，盼望本书对读者养虾技术的提高有所帮助，树立起养虾能成功、有前途、能致富的信心。

由于笔者水平有限，书中难免有不足和错误之处，敬请广大读者批评指正。

作者

2024年8月

目 录

第一章　南美白对虾的主要生物学特征

南美白对虾（*Penaeus vannamei*）又称万氏对虾、凡纳滨对虾。在分类学上隶属于节肢动物门（*Arthropoda*）、甲壳纲（*Class crustacea*）、十足目（*Order Decapoda*）、对虾科（*Penaeidae*）、对虾属（*Penaeus*）。是厄瓜多尔等美洲国家的主要养殖品种。我国自 1988 年引进并养殖成功以来，成为我国海水养殖虾类的主要品种，产量占养殖虾类的 71% 以上。

一、形态特征

全身近白色，透明。额角短，不超出第一触角柄的第二节，第二触角内外鞭等长，皆短而小。在正常情况下，触须青灰色，步足呈白垩色。头胸甲短，与腹部之比约为 1 ∶ 3，雌性不具纳精囊。额角上缘具 8 ~ 9 齿，下缘具 2 齿。

二、生态特征

繁殖周期长，在广东可全年进行繁殖；生长速度快，正常养殖 60 ~ 80 天可上市；盐度适应性强，在咸淡水均可养殖；抗病力强。离水存活时间长，可活虾运输；肉质鲜美，出肉率高，可达 65% 以上，最大体长达 23 厘米。

最适生长水温为 23 ~ 32℃，生存水温 9 ~ 47℃。15℃ 停止摄食，8℃ 开始死亡，最适生长盐度为 10 ~ 25，生存盐度为 0 ~ 40。杂食偏肉食性，饲料喂养均使用颗粒饲料，对饲料蛋白质要求不高，在 20% ~ 35% 均可。

第二章　虾塘选址与建造

一、选址

虾塘的选址是决定对虾养殖能否成功的重要因素，这关系到养虾的成败、经济效益的高低和可持续发展。因此，如同一座大厦的选址一样重要，必须做好充分论证，选址必须具备如下条件。

（一）自然环境条件好

对虾生长需要一定的生存环境，必须尽可能选择生长时间长、投资少、效益高的地区。就我国而言，南方比北方好。从盐度适应性分析，全年具有咸淡水的地区，比高盐区和纯淡水地区好。具备上述条件后，更应考虑近期和长期水质是否有污染的可能。

（二）社会治安好

我国已进入小康社会，人民的思想水平不断提高，治安环境越来越好。但仍有报道，近期在广东某地仍存在养殖的虾被偷现象，多年前也发生过养殖的虾被当地村民抢掠现象，为此，应选择治安好的地区养虾。

（三）电力供应方便

养虾要高效益，必须安装增氧机，应选择全年有电供应的地方。

（四）交通方便

养虾物资供应、虾苗运输、销售鱼虾等都需要通过交通工具完成，为此，道路交通一定要畅通。

二、建造

（一）海水虾塘的建造

近海边建造虾塘首先是掌握好最高潮时和最低潮时的位置，即能使进的海水达到最适养殖深度，而退潮时排的水全排光，这样可以节省人力、物力，效果最好。

进水沟和排水沟要分开，位置应相对，使排出的水不会倒流回虾塘。

虾塘水深以 1.5 ~ 2.0 米较好，这在高温季节对于稳定水质有良好作用。随着科学技术的进步，进出水管都是塑料制品。

（二）淡水虾塘的建造

淡水池塘基本上有两种建造方法：

一是在沿海地区，有潮汐的涨退现象，但完全没有咸水，往往只建造一个进出水口，有些地区连进出水口也不建，直接抽水进塘。

二是在广东珠江三角洲地区，有些虾农在建虾塘时，两个相邻的虾塘之间，建一个闸门。当要标粗虾苗时，先在一个塘标粗，然后拉开闸门，让虾苗通过这个闸门游到另一个塘。这可节省虾苗过塘的时间，也可以提高虾苗成活率，这个方法在海水虾塘建造时也可以采用。

第三章　关键技术

一、改良底质

养虾先养水，养水先养土，成功在于土，失败也在于土。虾塘底质不好不进水，水质不好不放苗，苗不好不养殖。这是广大虾农在经过长期养殖对虾后的普遍共识。由此可见，底质在对虾养殖中的重要性。

底质改良工作犹如建设一座大厦的基础工作。如果基础工作没有做好，最好的上层建筑也会倒塌，养虾也是一样，如果养虾的其他所有环节工作都做好，而底质改良工作没有做好，养虾同样失败。

众所周知，养虾过程中，对虾的排泄物、残饵和生物尸体等就不可避免地污染水质，这些污染物随着养殖时间的推移，越来越严重。虾池水质的变化，通常是由底质引起的。水质变坏，首先表现在池水中的有毒物质，例如，氨氮、硫化氢和亚硝酸盐等含量的增加，pH 和生物耗氧量超出正常范围，溶解氧下降，饵料生物数量减少；池中的有害生物，如夜光虫、鞭毛藻数量增加。产生以上现象的根源是池底有机物沉淀过多，池底有机物因得不到充分氧化而产生有害物质。而换水只能改善池水，并不能改善底质和消除产生有害物质的根源。改善水质首先要减少有机物的沉积，增加溶解氧，逐步消除沉积物。

（一）放虾苗前准备工作

1. 清除淤泥

广东珠江三角洲地区虾塘清淤工作通常有两种方式。第一种是一年清一次，通常在冬天卖完虾后开展。清淤泥时，先在池塘四周和中间低洼处挖宽度约 60 厘米的水沟，让周围的水倒流入（或渗入）水沟中，不断用水泵抽干，彻底排干池塘水，让池塘底部上层淤泥得到充分曝晒，等上层泥土晒硬后，用推土机将表层约 10 厘米厚的淤泥推到岸上，再将底部水沟填平，这样就完成了清淤工作。每亩[①] 费用 200-400 元。第二种是一些养冬棚虾的地区，全年不间断养殖，没办法晒塘。这种通常是卖完虾后，排干池水，然后在池塘中央低洼处挖一小池，放入高压污水泵，人工用高压水枪将四周的淤泥冲到中央小池处，让高压泵抽走，进而完成清淤工作。

笔者曾到广西东兴市进行对虾养殖售后服务时，见到一位浙江籍虾农，他的清淤方法很有创意，其养殖的 10 个（共 100 余亩）虾塘连年成功，值得借鉴。该虾农在虾塘排水一侧，有目的地挖出一个 30 平方米左右，水深 50 厘米的池。每养殖一茬虾后，这个小池均被污泥填平，这是养虾过程中启动增氧机后，各种污染物向低处集中所致，在每茬虾收完后，用抽水机连泥带水抽走，效果很好。

2. 晒塘

土塘养虾晒塘是必不可少的环节，许多虾农认为，土塘不一定年年都挖沟，推土清淤。笔者也不是每年都这样，每隔 2 ～ 3 年进行一次即可。

晒塘时间根据不同地区有不同安排，在珠江三角洲地区，宜在 12 月中下旬开始至翌年 3 月。

晒塘时，一定要使池底龟裂，发白。晒塘时由于地势不平，为提高晒塘效果，应在塘内多挖小沟，以疏通水源，流到低处，方便抽走。沙质底的池塘，晒塘效果更好，在较高温度下晒塘，可使虾塘发烫，进而杀灭部分有害病原。

3. 堵漏洞

虾塘有漏洞，对养殖影响很大，一是影响水位，二是虾可能逃逸，三是敌害生物进入。为此，在每年养完虾后，应利用水沟与虾塘有水位差的时机，找出漏洞位置，并竖起标注，方便堵漏。

堵漏洞时必须先在洞口出水处，挖出一些泥，然后用硬泥填上，用力踏实，防止水漏出。在堵漏洞过程中，往往把原洞口堵死后，水又重新在附近溢出，遇到这种情况，应用 80 目以上旧网纱铺在洞口处，水可以出入，但虾逃不出去。这种现象往往出现在邻近虾塘养鱼，长年鱼塘的水

① 亩为非法定计量单位，1亩 ≈ 666.67平方米。

很满,水就漏进虾塘。笔者的虾塘这几年就遇到这种情况。经这样处理后，取得了良好效果。

4. 铺地膜

土塘铺地膜是广东湛江市雷州虾农的发明。在雷州地区，许多在沿海的土塘，由于淤泥厚，没有机械设备可清淤，养虾连年失败。后经过试验，在土塘底部铺地膜，结合排污，最终取得养虾成功。这对于不能用机械设备清淤的土塘有现实意义。

（二）放苗后

1. 使用微生物制剂

据报道，在夜间对虾只消耗池塘中溶解氧的5%，池塘底质消耗50% ~ 70%，浮游生物消耗20% ~ 45%，由此可见，池塘底质中存在的有机质是耗氧大户。多数对虾养殖的土塘在养殖中后期非常容易出现“翻塘”的现象，引发该现象的主要因素是塘底积累的氧债，这类氧债是不可避免的。在养殖期间，一旦投入人工饵料，超过水体自净能力的有机物（如粪便，残饵等）便会持续积累，而这些积累物在对虾养殖水体无害的条件下被完全的氧化分解需要消耗大量的氧气。而水底层往往溶氧不足，这便造成氧债的持续积累，通常高密度养殖水体中，残饵、粪便、藻类残留物等沉积在池塘底层中，同时也在进行缓慢的分解，但是分解速度往往低于沉积速度，当积累到一定量的时候，由于某一种诱因便会引起氧债暴发，池底积累的污染物翻涌，产生快速、严重缺氧，并释放出因有机物无氧分解产生的有毒有害气体。

减少耗氧，增加氧气是改良体质的关键技术。

使用微生物制剂养虾是养虾技术的重大突破。

以芽孢杆菌、乳酸菌为主要菌种的微生物制剂，是能够分解利用有机物而对虾无害的有益菌。这些菌株具有强大的生命力和旺盛的繁殖能力，能适应各种不良的环境条件。这些细菌有好氧的、厌氧的、兼性厌氧的，它们能分泌多种胞外酶，把大分子有机物质，例如淀粉、脂肪、蛋白质、核酸等分解成小分子有机物，再由细胞吸收利用，一部分合成细菌细胞物质，一部分通过生物氧化用于产生细胞生命活动所需的能量，使得有益细菌不断繁殖，同时把有机物质矿化，生成硝酸盐、磷酸盐、硫酸盐等无机盐。

有益细菌进入虾池以后，发挥其氧化、氮化、硝化、反硝化、硫化、固氮等作用，把虾的排泄物、残存饲料、浮游生物残体等有机物迅速分解为二氧化碳、硝酸盐、磷酸盐、硫酸盐等，为单细胞藻类提供营养，促进单细胞藻类繁殖和生长，同时自身迅速繁殖而成为优势菌种，抑制病原微生物的滋长。单细胞藻类的光合作用又为有机物的氧化分解、微生物的呼吸、虾的呼吸提供氧气，循环往复，构成一个良好的生态循环，使虾池的菌相和藻相达到平衡。维持稳定水色，营造良好的水质条件。

使用微生物制剂应注意如下事项：

1）使用优质名牌产品

市面上的微生物制剂存在良莠不齐、鱼目混珠的现象，购买时应购买信誉高的优质名牌产品。

液态光合细菌和 EM 菌外观是金黄色的，如果是黑色的千万别购买。优质产品应使用透明白色塑料瓶或桶装运，但市面上出售的往往用不透明的黄色或蓝色包装，对这类产品要提高警惕。

2）尽早使用

土塘肥水后即可开始使用，根据先入为主的理论，通过先入菌的大量繁殖形成优势种群后，可减少或阻碍病原菌的定居。

3）用量要足

微生物制剂的根本作用是以菌治菌的竞争抑制作用，只有当有益的微生物菌在适宜的环境中形成优势菌群后，才能有效抑制有害菌株的生长。

4）适量使用

真正的好产品，用量并非越多越好，其用量在说明书中已注明。若水体中投放太多的细菌会导致池塘生态失衡，藻相遭到破坏，溶氧降低，导致出现虾应激反应。而细菌太少又达不到效果，这要虾农在实践中总结经验教训。

5）定时使用

芽孢杆菌、光合细菌等微生物菌繁殖周期很短，在几分钟至十几分钟就繁殖一代，代代相传后种质退化，失去原有功能。为了使养殖全过程都能持续发挥微生物制剂原有功能，应按产品说明书的说明，定期使用，一般来说，相隔 10 ~ 15 天使用一次；到养殖中后期，相隔时间应更短些。

6）交替使用

由于各种微生物制剂功能不同，应根据虾塘实际情况交替使用，例如，以芽孢杆菌为主菌群的粉状微生物制剂，对改良底质起主要作用，而光合细菌和 EM 菌等，对改良水质起主要作用，两相交替使用，可达到改良底质和水质且标本兼治的目的。

7）适时使用

光合细菌需要一定的光照、水温和水深才能在水中进行光合作用，应在有阳光的天气使用，雨天和阴天不要使用。

8）提高微生物制剂的活性

以芽孢杆菌为主要菌种的粉状微生物制剂，在保存期间以芽孢形式存在，相当于处于休眠状态，在使用前先用虾塘水浸泡 4 ~ 5 个小时，使其活化。在使用时每千克加 0.1 千克红糖一起浸泡，效果更好。

在使用芽孢杆菌时，务必在有阳光、溶解氧充足时使用。使用芽孢杆菌后，芽孢杆菌大量繁殖时会消耗大量氧气。

9）勿与抗生素和杀菌类药物同时使用

抗生素、杀菌消毒药物、杀虫剂等和具有抗菌作用的中药会杀死微生物菌，因此在使用时不与上述药物同时使用，两者相隔 5 ~ 7 天较好。

2. 开增氧机

增氧机具有救活养殖生物、增产、曝除废气、节约饲料和防病治病等功能。

土塘养殖对虾每 2 亩安装一台增氧机较好，不管虾塘大小，必须安装两台以上增氧机，最好都能安装叶轮式增氧机和水车式增氧机。现在增氧机有许多类型，可根据自己实际情况安装。

使用增氧机应该注意如下事项：

开机时间应由虾塘溶解氧状况决定，在溶解氧 4 毫克 / 升以下时应开机，最好在 5 毫克 / 升以下时开机，这表面上会耗电一些，但其起到的作用更多。

1）夜晚开机

一般情况下，夜里都应开机，但晚上什么时候开机也应根据不同季节、不同天气而定。在每年的夏季高温时，晚上 10 点以后开机都可以。开机准确时间，应以测定的溶解氧含量决定。

目前在我国许多地区，都存在盲目开增氧机的现象。最突出的表现是没有使用测氧仪，而是凭经验。笔者近几年来都在土塘养虾，总结出许多经验。例如广东珠江三角洲地区，在 6—9 月的高温季节，若白天晴天，晚上 10 点时溶解氧仍在 8 毫克 / 升以上，10 点以后开机都不会影响。而次日关增氧机的时间应宜在 9 点以后比较合适，尽管次日仍是晴天，太阳也很早升起，太阳也很猛，温度也很高，但虾塘的溶解氧仍较低，往往在 4 毫克 / 升以下。本地区许多虾农在这个时候往往犯大错误，以为早上一出太阳就可以关机，结果导致虾发病。笔者这几年养虾时，接触邻近的许多虾农，其中有三户因养虾失败，再不敢养虾，其原因之一，就是没有用科学方法养虾，没有使用科学仪器，连测定水质的仪器也没有使用。例如 2015 年 4—5 月间，连续三天阴天、小雨，虾农仍在白天经常关增氧机，而笔者由于使用测氧仪，准确掌握虾塘溶解氧状况，几乎天天开增氧机，保证虾塘不缺氧，虾正常生长，最终取得养虾成功，而有些虾农的虾由于缺氧而发病，损失惨重。

2）阴天、雨天开机

阴天、雨天阳光减弱，浮游植物的光合作用大大减弱，供氧减少，应及时开机。

3）晴天中午开机

晴天阳光充足，浮游植物的光合作用旺盛。水中上层溶解氧达饱和状态，而下层耗氧因子多，极易产生缺氧。由于热阻力的影响无法及时对流，此时开机搅动水体，及时把上层水中过饱和氧输送到下层去，以增加底层含氧量，从根本上改善上下层溶解氧条件，由于上下层水产生对流，又能把下层水中丰富的无机盐类带到上层，为上层浮游植物提供营养，加速光合作用，从而提供更丰富的氧气，维持水体生态平衡。

4）灾害性天气开机

暴雨、大暴雨和台风等灾害性天气开机，这些天气阳光不足、气压低，很容易缺氧，应坚持开机。

5）在生长旺季开机

虾在生长旺季，各种因素都非常适宜生长，代谢旺盛，耗氧也大，应多开机。

3. 施增氧剂

增氧剂能及时增加溶解氧，对改良水质和底质具有良好作用，它以过碳酸钠为主要原料，有效氧含量较高，它呈固态能快速沉降到水体底部，有效地缓释出分子态的活性氧，从下而上的增加水体的溶解氧，提高水体的氧化还原电位，促进有机物的分解。据称“粒粒氧”的有效作用时间达6小时以上，可提高水体相应水层的溶解氧在50%以上。

4. 施沸石粉

据报道，1千克沸石粉可带进空气10万毫升，相当于2 100毫升氧气。它们以微气泡形式放出，增氧效果很好。沸石粉还有吸附异物、改良底质作用，使用方法是全池均匀的干撒，用量为每次每亩20 ~ 30千克。

二、培养良好水质，维持水体生态平衡

培养良好水质，维持水体生态平衡是养虾全过程最重要工作之一，它关系到养虾成败，需做好每个环节工作。

（一）毒塘

毒塘又称清塘。毒塘是提高成活率、提高经济效益的重要环节。

1. 装好进水网

凡进入虾塘的水必须经100目以上的网纱过滤。在本地区许多虾农

养的虾往往混养许多罗非鱼等野杂鱼，在本地区许多虾农的虾塘往往存在许多罗非鱼等杂鱼。这与本地出售的网纱网目孔太大有关。笔者为了方便，本想在本地区的网纱销售店买网纱，当问是否有100目网纱时，店老板说有，我一看便知是假货，便当即测定，结果是32目。由于本地区商店卖的都是这种密度的网纱，达不到我要买的100目网纱要求，只好回广州买。

2. 水深

毒塘的水深最好是以刚把池塘滩面淹没为佳，这样既能达到毒塘目的，又可以节省财力。水深一般30厘米左右。

一些地区许多虾农在毒塘时都有一种错误的传统方法，就是将全年养虾的最高水位毒塘，往往达150厘米以上。这样深的虾塘毒塘，浪费许多财力。例如，正常毒塘是30厘米水深，而150厘米毒塘时费用是前者的5倍。按目前市面毒塘物质价格计算，正常毒塘每亩费用为30元左右，而后者则为150元，比前者每亩多开支120元。此外，用全池水毒塘还有一个副作用，就是毒塘时将池中所有生物，也包括浮游植物杀死，这对于肥水有严重影响，既增加肥水成本，也影响养殖时间。

3. 毒塘物质

毒塘最好的物质是茶籽饼，又称茶麸。茶籽饼是油茶籽榨油的副产品，其中含有10% ~ 15%的皂角碱，皂角碱能在不伤害虾和饵料生物的浓度下杀死鱼类，其对鱼的毒性比对虾类的毒性大50倍，除茶籽饼外，另外要用敌百虫。

茶籽饼毒塘浓度为30×10^{-6}，敌百虫浓度为2×10^{-6}。即每立方水体茶籽饼30克，敌百虫2克。

使用时先将晶体敌百虫捣碎，加水溶解，随后加入已浸泡好的茶籽饼，搅匀，全池均匀泼洒，水深的地方泼多些，堤边也要泼些。

许多地方的虾农用漂白粉毒塘，许多实践表明，漂白粉毒塘效果较差，一是质量不能保证，二是性能不稳定，特别是有漏洞虾塘更不宜使用。

施完药后一般30分钟左右，有些鱼虾等生物有异常状况，随后死亡，若24小时后仍发现有鱼虾等存在，要重新加大浓度毒塘。毒塘工作必须彻底，否则后患无穷。毒塘后的水不用排走，茶籽饼有肥水作用，可减少肥水使用量，毒塘一般 5 ~ 7 天失效。

（二）肥水

肥水又称培养基础饵料生物，它是水质管理最重要的环节，也是保持水质良好、维持水体生态平衡的基础工作。

1. 肥水时间

肥水时间由放苗时间决定。肥水时间在放苗前 20 天左右最好。这是因为经肥水后，藻类比较稳定，这时酸碱度适中，经过 20 天后，池中存在大量的浮游动物，为养殖的虾苗提供丰富的营养。

肥水是否成功，取决于池塘中的浮游动物和浮游植物数量。即浮游动物最少，浮游植物最多最适合肥水。这是因为，经过毒塘后，进入池中的浮游动物经过 100 目以上的网纱过滤后，数量很少，而浮游植物这时却最多。一旦施肥，浮游植物就大量繁殖形成优势种群，在几天的时间内能使透明度变为 30 ~ 60 厘米左右,这时最适合放苗。随着养殖时间的推移，即使池水中存在大量浮游动物，也有足够的浮游植物供应，使水中的浮游动物和浮游植物达到平衡状态。

2. 水深

肥水的水深以在安全的前提下达到最高水深最好，有些人认为肥水应多次进行，这是错误的。当然土塘养虾，对水深有不同理解。笔者认为，在有条件的情况下，1.5 ~ 2 米是最好的，这对于南方高温季节，稳定水质有良好作用。

3. 肥水物质

肥水物质以能完全溶解于水、不留残留为最好。“藻类营养露”“肥力高”是肥水良好物质，见效快，效果好。

目前仍有许多虾农用鸡粪、鸟粪、米糠、花生麸之类有机物肥水，对此，笔者持反对态度。这些物质主要成分是脂肪和碳水化合物等，尽管在肥水过程中能起到一定作用，但其弊大于利，因为这些物质不能完全溶解于水，长时间残留，在池塘内会腐败变质，污染底质和水质，同时这些物质成本也高。

4. 肥水方法

1）了解天气状况

肥水主要是通过施肥，培养池中的浮游植物，而浮游植物最好的繁殖时间是在有太阳的晴天进行光合作用，若雨天或阴天则效果最差。广东的三四月份是肥水时间，但这时往往很难遇上晴天，遇上多云天气也可以进行，现在手机有天气预报功能，在决定肥水时应及时掌握天气预报，抓紧时间肥水。

2）计算好用量

每种肥水物质都有说明书说明使用方法，可根据池水透明度决定用量，如果水瘦，用量多些；如果水肥，则用量少些。

3）泼洒方法

凡肥水，在溶解肥水产品时应尽可能多加水，尽可能全池均匀泼洒，这样效果更好。

笔者曾出版三本养虾技术类图书，许多虾农给我打电话，询问肥水困难的问题，这些问题均有一个共同点，就是没有掌握好肥水的黄金时间，具体地说，肥水的黄金时间是毒塘后 2 ～ 3 天内必须进行，如果错过这个时间，肥水就会很困难，这是因为若在毒塘后的上述时间没有肥水，随着时间的推移，池中的浮游动物越来越多，个体也越来越大，池中一旦有浮游植物繁殖，浮游动物就会把它吃光，透明度变差，即便这时施许多肥，也会无法把水肥起来。遇到这种情况，应将池水排走一部分，排入一些新鲜水以补充藻类，并立即施肥。

（三）水质监测和调节

科学技术是第一生产力，科学养虾是发展养虾业的根本保证，用科学仪器监测水质状况，为调节水质提供科学依据，是养虾最重要的方法，为此必须做好如下各项工作。

1. 水深

对虾需要一定的环境条件才能生长，良好的环境对虾生长起促进作用，不良环境对虾的生长起抑制作用，甚至发病。而水深是对虾生长的基本条件，笔者的长期实践表明，南美白对虾最好的水深（土塘）为1.5 ~ 2 米，这在我国南方更加适宜，特别是每年 7—8 月，气温很高，表层水温达 36℃，甚至更高，这对稳定水质有良好作用。

2. 水温

水温只能掌握，不能控制，掌握本地区水温状况，对安排放苗、养殖和收虾都有重要意义，为此，凡养殖对虾，必须购买水温计，买水温计时应买 0 ~ 50℃ 这个规格。

1）安排好放苗时间

南美白对虾最适的放苗时间在 22℃ 以上，太低会影响成活率；太高会浪费养殖时间。在广东珠江三角洲地区，每年清明前后放苗最好。从这个时候起，水温比较稳定。

许多虾农都有一种侥幸心态，认为早放苗，早收虾，价钱高。其实这种观点是错误的。虾是变温动物，它的生长与温度有密切关系，在适合温度的前提下，温度越高生长越快，过早放苗，在虾还没有开始摄食饲料时，虾是不会长大的。更加危险的是，遇到特殊情况，气温特别低，例如在 2010 年 4 月 15 日，广州气温达 10.7℃；1980 年 4 月 15 日气温达 10.8℃，是 30 年一遇的低温，这时就遇到了放下的南美白对虾虾苗死亡现象。

2）安排好养殖时间

按正常的养殖季节，将全年的生产安排好。例如在广东珠江三角洲地区，每年都养两茬虾，第 2 茬放苗时间在 8 月 1 日前后较好。因此，在放第一茬虾苗时，应把第 2 茬虾苗的标粗时间安排好。

3）安排好收虾时间

南美白对虾最适生长温度为 23 ~ 32℃，生存水温为 9 ~ 47℃，15℃ 停止摄食，8℃ 开始死亡，也有虾农反映，12℃ 开始死亡。了解对虾上述生态特征，对收虾很有好处。现在科学发达，可预报 15 天的天气情况，到冬天收虾季节，应随时了解天气预报，不能有侥幸心理，在华南地区，每年 11 月底应把虾卖完，否则遇到特殊天气可能带来巨大的损失。

例如 2009 年 11 月 15 日，广州气温降至 6℃，那年在广东珠江三角洲地区，就有许多虾农的虾被冻死，损失惨重。因此在安排卖虾时，应留有余地，特别养殖面积较大，又不能在短时间内把虾卖完的虾农，更应早做安排，以便避免损失。

3. 盐度

南美白对虾是海产虾类，需要在一定盐度范围内生长，其最适生长盐度为 10 ~ 25，生存盐度为 0 ~ 40。

在不同地区，掌握本地盐度状况，对安排生产具有重要意义。例如，在河口地区，每年的 4—8 月是最低盐度，而在每年的 4 月前盐度较高，在有适合盐度时，把水进满池塘，可很好地安排生产时间，提高经济效益。

调节盐度主要有三种状况：

1）利用天然潮汐

用潮汐差纳水，这种方法最方便，经济效益最好。

2）打井纳水

这种方法在广东沿海没有咸水的地区很普遍，但这种方法纳的水往往氨氮较高，需要一定的时间处理才好放苗，应早抽水。

3）购买海水

这适合沿海有河涌的地区，有的地区在晒盐区买高浓度海水，盐度在 70 以上。

后两者虾塘的盐度调节在 4 ~ 6 左右，这既能安排好生产，也能节约成本。

4）买海水晶

买海水晶的地区多在内陆地区。

4. 水色

水色是浮游植物单细胞藻类颜色在虾池中的反映，浮游植物是稳定虾池生态环境的核心。

良好水色具有“肥、活、嫩、爽”4 个特征。“肥”表示水中有机物质多，浮游生物量大；“活”是水中浮游植物种群处于繁殖盛期；“嫩”

就是水色鲜嫩，不老，容易被虾吸收消化的藻类多，大部分藻体细胞未老化；“爽”表示水质清爽，浑浊度小，透明度适中，水中含氧量高。良好水色是褐色和绿色，褐色比绿色更好。以褐藻为主的池塘呈褐色，以绿藻为主的池塘呈绿色。不良水色对虾的生长危害极大，随时应维持良好水色，不良水色有如下表现，其处理方法也不同。

1）蓝藻

蓝藻属于养虾过程中最常见现象，水色蓝灰色，呈鱼腥味，这是鱼腥藻大量繁殖，死亡的蓝藻浮在水面，常出现在下风口一侧，这种水色对虾的危害性最大。

处理方法：

（1）换水。换水是防止蓝藻的最有效方法，换水时应少量多次，此外用各种微生物制剂也可减轻蓝藻的发生。

（2）施生石灰。施 10×10^{-6} 左右的生石灰也可以减轻蓝藻的发生。

2）乳白色

乳白色水形成主要是天气突变，浮游动物过量繁殖，把水中藻类吃光而引起的。

处理方法：

（1）停止投喂饲料，让对虾摄食池中浮游动物。

（2）添加新鲜水，让池中含有丰富的浮游植物，并应立即施肥培水。

3）无色透明水

池塘酸碱度失衡，浮游植物大量死亡和换水频繁都可以使水变清，透明无色，看到池底。这种水色极容易缺氧，危害极大，时间稍长会长出大型藻类——冷叶黑藻，务必及时处理。

处理方法：最好的方法是立即排走部分池水，再添加等量新鲜水并立即施肥培水。

4）浅红色水

浅红色水是原生动物，比如纤毛虫、夜光虫等繁殖过量的结果。

处理方法：

（1）用 10×10^{-6} 的生石灰加水溶解。即配即泼，效果很好。

（2）换水。

5）黑褐色水

黑褐色水是池底老化、投饵过量、残饵增多，溶解性和悬浮性的有机物增加，褐藻、裸藻大量繁殖所致。

处理方法：

（1）换水。

（2）施微生物制剂。

（3）施沸石粉。

6）黄泥水

黄泥水会在暴雨或大暴雨时出现，有些地区的虾农将堤边的草割光，造成水土流失，导致水变黄色。

处理方法：

（1）保护堤边的青草。

（2）用腐殖酸钠净化水质。

（3）用微生物制剂改良水质和底质。

（4）用沸石粉全池泼洒。

7）泥皮水

在春夏之间的养殖季节，随着气温的回升，池底浮起小块的泥皮，到晚上又沉至塘底消失。

处理方法：

（1）彻底清淤。

（2）使用微生物制剂。

5. 透明度

透明度是反映水质好坏的最直接观测方法，它对水质处理起重要作用，最好的透明度在 30 ～ 50 厘米。

透明度是指把白色透明度盘从表面沉降到看不见的深度。它与水色相结合，构成水体质量。它是反映水中浮游生物、泥沙以及其他悬浮物质数量的一个指标。单细胞藻类的大量繁殖会导致透明度降低，而藻类的大量死亡，水草及丝状藻类大量繁殖会使透明度升高。

调节透明度的方法正确及时，可以在短时间内改变，若不及时处理，将会带来严重后果。例如，笔者在为虾农做技术服务时，遇到许多虾农，对透明度的重要性认识不足，不及时处理就会损失巨大。最明显的例子是，若透明度高，可看到池底，表明虾池藻类很少。藻类少，浮游植物的光合作用产出的氧气也少，氧气少的恶果是会使虾缺氧浮头而发病，缺氧会使池底有机物产生还原反应，导致有害物质产生，严重危害虾的安全。

1）透明度低的处理方法

（1）换水。换水是提高透明度最简单、效果最好的方法，每次换水量在 10% 左右较好。

（2）使用微生物制剂。

（3）泼洒生石灰，浓度约 5 千克 / 亩，水深 1 米。

2）透明度高处理方法

（1）换水。先把池水排走 1/3 ～ 1/2 左右，再进入等量池水，目的是增加池中藻类。

（2）立即施肥。施肥数量适当加大。

6. 酸碱度

酸碱度可以作为池水好坏的综合指标。pH 一般在 7.6 ～ 9.5 之间对虾不会发生疾病。在微碱性水中（pH 在 8.0 ～ 8.5）对虾生长最好，而在酸化水中生长较差。当水体中的藻类大量繁殖时，由于光合作用使水中的二氧化碳突然降低，失去缓冲力，可使 pH 突然升高，池中有机物过多会使 pH 降低。

pH，就是水中氢离子浓度的负对数，$pH = -\lg(H^+)$。在纯水里 H^+ 和 OH^- 的浓度是相等的，这时水的 $pH = 7$，为中性；当 OH^- 多，即 $pH > 7$ 时，为碱性。pH 越高，碱性越强，当 H^+ 多时，即 $pH < 7$ 时，为酸性，pH 越低，酸性越强。

决定 pH 的因素很多，但最主要的是水中游离二氧化碳和碳酸盐的平衡系统，以及水中有机物质的含量和它的分解条件。二氧化碳和碳酸盐的平衡系统随水的酸碱度和二氧化碳的增减而变动。二氧化碳的增减又是由水中生物呼吸作用、有机物的氧化作用和植物光合作用的相对强弱决定的。

有报道指出，pH 在 7.6 ~ 9.5 都属于正常值，甚至达到 10 也能正常生长，一般没有必要为 pH 而调节，只要结合其他因素调节水质即可。

pH 过高可用明矾、茶籽饼调节，在盐度允许的情况，加淡水也可以使 pH 降低。pH 过低时可施肥和生石灰，增加藻类含量可使 pH 升高。

7. 溶解氧

溶解氧是对虾赖以生存的最基本条件，是反映水质状况的一个重要标志。良好水质溶解氧在 4 毫克 / 升以上。虾塘中生物密度大，溶解氧含量变化也大。白天，单细胞藻类进行光合作用，使溶解氧含量达到饱和状态，有时达 10 毫克 / 升以上，但夜间由于生物的呼吸作用，包括单细胞藻类,致使溶解氧含量大幅度下降,在黎明前有时降至 1 毫克 / 升左右。当溶解氧继续下降时，对虾可能出现浮头。

虾塘溶解氧的来源有 3 个方面: ①空气中的氧气溶于水中，有风浪时溶解氧含量更高; ②水生植物的光合作用释放氧气; ③换水或添水带进氧气。

虾池中溶解氧的消耗有 3 个方面: ①底质中有机物等还原性分解氧化时耗氧; ②池中对虾以及其他的动、植物的呼吸耗氧; ③逸散进入大气耗氧。

虾塘中的氧气调节除天气因素外，主要靠增氧机调节。现在土塘养虾有精养和混养。要想高产稳产，在有条件的情况下，应多设增氧机。目前增氧机主要有两种型号，即叶轮式增氧机和水车式增氧机，最理想是两种型号都安装。这两种增氧机配合，可使全池水更容易交换，增氧作用明显。

虾塘开关增氧机的时间，应根据天气状况而定，但也有基本规律与经验。既要保证虾塘有充足的溶解氧，又能节约用电，最有效的方法是购买测氧仪。每部约 1 700 元左右。笔者这几年连续在虾塘养虾，通过长期使用测氧仪后，总结出一些基本的开关增氧机规律。例如，在有太阳的天气，在早上9点前，尽管太阳早已出来，但光合作用不明显，有些虾农在出太阳后就关闭增氧机，这是错误的，许多虾农都犯这个错误。在高温季节，由于白天阳光充足，浮游植物大量繁殖，也产生大量氧气，但在晚上耗氧也很厉害，在早上测得的溶氧很低。若刚出太阳就关闭增氧机，虾极易缺氧。而到气温低的10月以后，由于阳光弱，溶解氧明显高于高温季节，掌握这些规律，可起到节约用电的效果。

8. 氨氮

氨氮是反映池塘水质好坏的重要指标之一，正常氨氮的含量应在0.6毫克/升以下。

虾塘的氮一般以硝酸氮、亚硝酸氮和氨氮等多种形式存在，它们在水中可以互相转化。氨氮有离子态氮（NH_4^+-N）和非离子态氮（NH_3-N），养虾中说的氨氮是指非离子态氮。它是一种有害因子，属非极性化合物，它有相当高的脂溶性，容易穿过细胞膜，含量高时能产生严重的毒害作用，故称其为毒氨。

虾塘中的氨氮来源有两个方面：①虾塘中虾及其他生物的排泄物、残饵和生物尸体会产生氨氮；②地下海水的氨氮含量较高。氨氮含量多少与放养密度有关，放养密度越大，氨氮含量就越高。虾塘中的含氧量低时，氨氮含量也会升高。此外，水温和pH升高，氨氮浓度也会增加。

保持水中充足的氧气，是减少氨的毒性的手段之一。同时多换水和准确投饵，也是减少氨的毒性的措施。

此外，使用微生物制剂也可以减少氨氮。使用以芽孢杆菌为主要菌种的复合微生物制剂，首次用1.5×10^{-6}，以后每隔15天再用0.75×10^{-6}，氨氮可降低40% ~ 60%，亚硝酸盐可降低30% ~ 40%，硫化物降低70% ~ 80%，溶解氧增加60% ~ 70%。

9. 硫化氢

硫化氢主要是来自水中的硫化物，例如饲料中的蛋白质和鲜杂饵料等。蛋白质或有机物、生物尸体残存池底时，在氧气充足的池塘中先分解为硫化氢，再被好氧细菌氧化为无害的硫酸盐。但当池底溶解氧不足时，氧化过程停顿，就产生毒性甚强的硫化氢。通常水中的铁离子会与硫化氢结合形成硫化铁，导致池底变黑，产生恶臭气味，尤其是pH偏高、含氧偏低、水温偏高时更易形成。

养虾过程中，消除硫化氢的方法有：①合理投放虾苗量；②准确投饵；③加强换水，防止底质污染；④投放微生物制剂；⑤使用生石灰，生石灰可提高pH，降低硫化氢比例；⑥避免搅动池底或冲起沉积物，以免池中溶解氧急剧下降和大量有毒物质突然溶于水中，造成对虾死亡；⑦保持池中有充足的溶解氧。

10. 亚硝酸盐

虾池中氮的来源主要是残饵、生物尸体有机物和生命活动中体内氨代谢产物等。在虾池中，氨氮与硝酸氮、亚硝酸氮及其他含氮化物构成一个复杂的循环系统，相互转化，在一定的条件下处于平衡状态。通常氨氮可在微生物的作用下硝化转为硝酸盐，作为藻类、水生植物的营养盐。但水中氧气不足时，厌氧性细菌就将其转变为毒性甚强的亚硝酸盐。水中亚硝酸盐含量增多时，会降低血液中的送氧功能，影响对虾的正常生长。

亚硝酸盐在对虾养殖中的安全浓度有不同报道。在许多的检测中，常以0.1毫克/升以下作为安全浓度使用。但也有报道，亚硝酸盐的安全浓度为0.5×10^{-6}以下。

亚硝酸盐含量高出安全浓度，应进行调节，调节方法有：①换水：在有条件的情况下，可进行换水；②开机增氧：增氧机可增加池中含氧量，从而降低亚硝酸盐含量。氨在水中经硝化细菌分解为硝酸盐，成为藻类、水生植物的营养盐；③防止浒苔和大型藻类的生长，以免由于死亡而沉积在池中，导致亚硝酸盐升高；④使用微生物制剂：微生物制剂有化解有机物功能，可减少亚硝酸盐含量。

培养良好水质、维持水体生态平衡的最根本任务，是防止蓝藻的发生。在对虾养殖过程中，特别到养殖中后期，随着残饵、生物尸体排泄物的增加，底质会不可避免受到污染；同时在高温季节，底质的有害物质不断增加，透明度明显降低，蓝藻就很容易发生。为此，养殖全过程应做好透明度调节工作，尽力使透明度调节到50厘米，这是笔者多年来的经验总结。而蓝藻一旦出现，最有效的方法是换水。换水时应逐步进行，每天换水量在1/10左右，同时结合使用微生物制剂、底质改良剂等综合治理。为准确掌握水质状况，应购买pH、氨氮、亚硝酸盐和溶解氧测定仪等重要设备。

三、购买优质虾苗

虾苗是对虾养殖的基础，它是高产高效的根本保证，也是养虾成败的关键环节，为此，必须做好虾苗的各个环节工作。

（一）购买优质虾苗

1. 到质量好、信誉高的虾苗场购苗

虾苗质量基本由三个方面决定：一是亲虾的品种；二是育苗期间的营养供应；三是育苗所采用的方式方法。

我国经过几十年的养虾发展，虾苗场也是优胜劣汰。至今继续经营的虾苗场，一般来说，绝大多数都在努力做好质量工作，虾苗质量基本是有保障的，在选择虾苗场时，多与虾农交流，可以购买有信誉的虾苗场的虾苗。

购买虾苗时，应尽可能在附近虾苗场选购。目前许多虾农存在一种不正确的思想，以地区苗来判断虾苗质量，例如，有的虾农认为湛江苗好，有的认为海南苗好，有的认为福建苗好，结果不畏路遥，都会远离虾塘的地区购苗，而购回的虾苗质量却很差。笔者的一位朋友就犯这个错误，结果买回来的虾苗质量差，价格高，损失惨重。

2. 购买一代苗

目前我国南美白对虾苗出售时，都会说明是几代苗。例如一代苗、二代苗和普通苗。以广东珠江三角洲为例，通常一代苗每万尾260元左右，二代苗每万尾180元，普通苗每万尾50元左右。据报道，目前我国养殖南美白对虾的虾农 80% 亏本。其中原因之一，是养殖的南美白对虾容易发病，而一旦发病又不容易治好。而有流传认为，普通苗不容易发病，便买普通苗养殖。结果虾个头养不大，亏本更严重。笔者曾对一代苗、二代苗和普通苗进行对比试验。试验结果是普通苗很难养大。例如，一个 10 亩土塘，每亩放 3 万尾南美白对虾普通苗，养殖到 70 天左右，每天投 20 斤饲料可以吃完，但此后增加不了饲料，虾又长不大，每斤 100 尾左右，又不发病，又不能上市。因此，笔者认为，凡养殖南美白对虾，均应购买一代苗。目前我国养殖的南美白对虾一代苗，都是进口一代亲虾，质量基本有保证。而普通苗的亲虾，是国内养殖的。从 1988 年南美白对虾引进我国养殖成功近 30 年来，近亲繁殖非常严重，种质质量退化是客观存在的事实。

3. 亲自购买

根据天气状况，确定放苗日期后，应亲自到虾苗场订购。出苗前 2 ~ 3 天，应亲自到虾苗场查看虾苗生长状况，并确认购买苗的位置（水池号）。

4. 亲自观察虾苗健康状况

优质虾苗体表干净，虾苗肌肉饱满，肉眼可以看见腹部肌肉和整个肠道，游泳活泼，个体整齐，对外界的刺激反应灵敏。不健康虾苗体色异常，在同一池的虾苗中有黄色、浅黄色、白色或红色。出现这些症状的虾苗虽然没有死亡，但已经发病，绝不能购买。判断虾苗质量的最有效方法，是到虾苗场后，叫虾苗场有关人员捞池底虾苗查看。看到的虾苗若具有优质虾苗特征，就可以放心购买。有些虾苗场是不允许购买虾苗的人员进入虾苗场内查看虾苗，对这种虾苗场应慎重考虑，或索性选择其他虾苗场购买。

当然从我国目前养殖南美白对虾状况分析，要亲自到虾苗场购买虾苗，也有一定的困难。例如，我国许多内陆地区的虾苗，需要到沿海地区购买，虾苗也靠飞机运输，困难较大，但其指导思想必须正确，努力通过各种途径克服困难，以免带来巨大损失。

有些地区的虾农购买虾苗通过中间商，这种方法更不可取。例如，有的虾农不清楚虾苗的重要性，为了方便，让中间商运到虾塘交易。这种交易方法，会对虾苗质量产生很大影响，应尽可能避免。

（二）淡化

虾苗淡化是养殖最基本知识，也是提高虾苗成活率、提高经济效益的重要措施。

淡化是指虾农购买虾苗时，将虾塘盐度告诉虾苗场，虾苗场根据虾塘的盐度，对育苗的池水进行淡化。因为虾苗场育苗时的盐度都在28以上。育出的虾苗卖给不同地区、不同虾农，其盐度都不同。因此虾苗场对不同虾农的不同虾塘都进行淡化。

虾苗场进行淡化时应逐渐进行，使虾苗场虾苗池的盐度与虾塘的盐度相同或接近。

（三）试水

试水是指放虾苗前的1 ~ 2天，将虾苗场的虾苗拿到养殖池或标粗池试养1 ~ 2天。如果试验结果为100%，其成活率最理想，若能达到80%以上，则基本符合要求。试水时间在24 ~ 48小时。

试水时应注意方法。在广东的不同地区，试水方法也不同。例如，现在广东珠江三角洲地区有专门的试水袋出售。每个8元左右，直径约30厘米，高约35厘米，上下设两个铁圈，再用40目左右网纱造成。

试水时应根据试水设备而异。若是上述试水袋，用10尾左右虾苗试较有代表性。在广东一些地区，同样是上述试水袋，放下100尾虾苗试，这不太符合实际情况，主要是密度太大，不能反映虾塘实际情况，同时在检查时数的时间也长，不能真实反映虾苗与虾塘的实际情况。

如果育苗场与养殖场距离很远，例如相隔几百千米，甚至更远，试水也不现实，则可在当地取些小鱼虾试水，也能得到相同效果。试水目的主要是查看池塘水质能否适应虾苗生长，但试水虾塘必须与虾苗场的盐度相同。

（四）放苗时间

放苗时间应以达到最佳养殖效果为原则。对于南美白对虾对温度的适应有不同的报道。有报道指出：“能在 6 ～ 40℃ 的水域中存活，生存水温为 15 ～ 38℃，最适生长水温为 23 ～ 35℃。”也有报道指出：“最适生长水温为 23 ～ 32℃，生存水温为 9 ～ 47℃，15℃ 停止摄食，8℃ 开始死亡。”也有虾农反映，当水温达到 12℃ 时，有死亡现象。

根据笔者近 5 年连续在广州南沙地区养虾的经验和教训，水温稳定在 22℃ 以上较好。原因是，对虾养殖是高风险产业，对虾容易发病，而发病原因之一，是天气变化。每年的三、四、五月珠江三角洲地区东北季风转为西南季风季节，长时间阴雨导致气温变化较大，放下的虾苗很容易发病。

许多虾农在放苗时间的问题上往往犯错误。认为早放苗、早收虾，卖到好价钱。这种观点违反水生生物生长规律。虾是变温动物，它的生长与温度有密切关系，在低于 22℃ 水温中生长缓慢，摄食量明显减少。虾不摄食，即使不死亡，也不会长大，达不到早上市的目的。早放苗还可能由于天气突变，导致虾苗死亡，最终带来严重后果。例如，2010 年 4 月，是全国 49 年一遇的低温，全国平均气温为 8.7℃。广州于 4 月 15 日也创下 50 年来同期最低气温，达到 10.8℃。出现这种特殊天气，对养虾业影响特别大，应引起高度重视。

在广东珠江三角洲地区，广大虾农吸取教训后认为，清明前后放苗较好。现在科学技术很发达，广大虾农应利用天气预报优势，在即将放苗时，每天及时查看天气预报。当最近 15 天内气温不会低于 22℃ 时，就应立即订苗和放苗。

由于每年的四五月是南美白对虾高发病季节，有些虾农在放苗时间方面又走到另一个极端，有位与笔者在同一地区的虾农，每年都是到 5 月才放苗，这种方法也是错误的。原因是，这位虾农把虾发病归结到天气原因。凡养虾，必须认识到虾发病的真正原因是技术问题。众所周知，每年在同一地区，总有虾农养虾成功，有些失败。因此，在总结养虾的经验教训时，必须提升养殖技术。这种迟放苗的养殖方法，不仅影响养殖时间，也严重影响经济效益。以上所述，是对普通的土塘养殖而言。对于有越冬棚设备的虾农，按越冬棚气温特点放苗。

在广东、海南和广西地区，每年通常养 2 茬南美白对虾，第 2 茬放苗时间，应与收虾时间结合起来考虑。一般来说，第 2 茬放苗时间以 8 月上旬为好。若放苗时间太迟，不仅影响虾生长，也影响收虾。

（五）放苗密度与品种

1. 精养虾塘

放苗密度与养殖模式、养殖条件、养殖环境、养殖技术与管理水平密切相关。放苗密度必须把安全和经济效益结合起来。一般来讲，在安全的前提下，放苗密度越大，产量越高，但风险也大，为此，必须把养殖的各种因素结合起来综合考虑，在安全与效益之间找到平衡点。

对虾养殖在早期都是精养，成功率都较高，经济效益也较好。但随着养殖时间的推移，我国经济的高速发展，养殖环境发生了巨大变化，水质污染越来越严重。以笔者近年所处的虾塘为例，水质污染更加明显，而所处位置还远离城市，远离污染区。

笔者虾塘位于广州市南沙区新垦镇十七涌，是珠江口开放海区，当 2015 年第 1 次测定还未开始放苗，测定刚进入虾塘的水质时的亚硝酸盐浓度为 0.005 毫克 / 升。当我询问隔壁虾塘虾农时，他们虾塘也有类似情况。这种情况随养殖时间的推移，经过处理后逐步消失，养殖同样取得成功。

由于养虾者失败居多，养殖模式也发生了很大变化。在本地区精养南美白对虾的比例较少。笔者曾在 2016 年也用一个虾塘精养做实验，结果虾养殖到 40 余天便开始发病，而其余 8 个混养的虾塘没有发病。在本地区，精养虾塘的比例较低，也有成功的例子。虾农一般每亩放 4 万尾苗左右。从本地区养虾情况看，混养成功率比精养高。

从养虾实践表明，放疏苗比放密苗风险小。其好处如下：

1）降低风险

在养殖条件相同的情况，对虾生长速度与放苗密度成反比，即放苗密度越大，生长速度越慢。对虾养殖是高风险产业，其风险可以按天数计，多养殖一天上市，风险就多一天。为此，应尽可能缩短养虾时间，使虾达到上市规格。当虾达到上市规格后，风险就大大减少。

2）提高经济效益

随着人们生活水平的不断提高，吃虾的人越来越多，而且越来越多的人喜欢吃大个体虾。大个体虾价格比小个体虾高得多，同时，个体越大，价格越贵。例如，笔者2019年养的南美白对虾，在虾塘交货，每千克80尾19元，每千克70尾48元，每千克60尾56元，每千克40尾70元。

3）节约成本

放疏苗每万尾节省260元左右，面积越大节省的钱越多。

4）减少污染，防止虾病发生

虾的排泄物是造成底质污染、水质变坏的原因之一。笔者曾在珠海一个虾塘做过一次这样的观测和实验：用一个40厘米 ×30厘米 × 60厘米的白色塑料箱盛上2/3的虾塘海水，捕5尾全长为5 ~ 7厘米的斑节对虾放在箱中试养，每天换水，并投饲料。结果发现，在24小时内，有20余条2厘米左右的虾。以此推算，虾池中虾的排泄物很多。在平时对饲料台的观察中也发现类似情况。

2. 混养

1）鱼虾混养的主要特征

（1）浮游植物更多元化。在鱼虾混养池塘中，浮游植物更多元化，群落的演替相对恒定，浮游植物总量相对恒定。在鱼虾混养池塘中，当浮游植物出现生物量高峰时，浮游植物可分泌具有杀菌作用的物质，使水体更稳定，更有利于对虾生长。

（2）稳定微生态环境。在养殖初期，鱼虾混养池水中的异养菌总量和硝酸盐还原菌数量较低，但高于对虾单养池。随着时间的推移，单养池中的菌量急剧增加，而混养池中增长的幅度远低于单养池。混养可通过对养殖生态系统的物质循环，使其保持高速、稳定的运行，为对虾的生长提供一个健康而稳定的生态环境。

（3）提高氮磷的总绝对利用率。通过鱼虾混养，池塘中物质循环更顺畅，加快池塘有机物的净化，减少养殖过程中缺氧、磷的沉淀，可提高氮、磷的总绝对利用率。

（4）提高池塘的总产量。在鱼虾混养的池塘中，对于水体的化学耗氧量的控制力比对虾单养更强，混养模式不仅能提高池塘的总产量，而且对虾的产量也会有所提高，基本原因在于混养能更好地利用投入的营养物质（饲料）和池塘自身的营养物质（浮游植物初级生产量）。首先，养殖在同一个池塘中的各种养殖品种能利用混养生态系统中的各种饵料资源；其次，在混养系统中，投入的营养物质在池塘的转化，循环更顺畅，因而不仅能为不同营养层次的生物多次利用，而且能够在循环中反复利用，投入营养物质的利用率得到提高，混养的不同养殖品种之间存在着互利关系，特别有利于对虾的存活和生长。

（5）防止虾病蔓延。在鱼虾混养过程中，如果遇上虾发病，鱼类会及时摄食初发病的虾和死虾，可防止虾病的蔓延。

在鱼虾混养中，若虾发病，首先在鱼的摄食表现中就能反映出来。例如，鱼虾混养通常使用投饵料机投鱼料。在珠江三角洲地区，通常是鲩鱼、鳙鱼与南美白对虾混养。当鲩鱼突然出现摄食量减少，甚至停止摄食，表明虾塘中有病虾、死虾，表明虾已发病，要立即采取措施处理虾病。鲩鱼就是摄食病虾和死虾，可避免病虾传染健康虾，这是鱼虾混养的最大好处。

2）混养模式

混养品种必须与南美白对虾同时适应同一自然环境。在选择混养品种时，必须掌握其适应的盐度。例如，在珠江三角洲地区通常是鲩鱼与南美白对虾混养，养殖全过程盐度必须在 8 以下，超过这个盐度鲩鱼会充血、死亡。笔者在 1997 年初次混养鲩鱼，地址是深圳福永区，与珠江三角洲的南沙新垦地区相对。按常理，盐度应相同或相近。但由于海流的影响，福永地区盐度比南沙高，结果出现鲩鱼死亡现象。

（1）鱼虾混养。鱼虾混养品种很多，主要是与鲻鱼、罗非鱼、黄鳍鲷、篮子鱼、宝石鱼、笋壳鱼、草鱼、鳙鱼、鲢鱼、鲮鱼、鲫鱼、塘鲺、鹦鹉鱼、乌塘鳢、卵圆鲳鲹和武昌鱼等。

（2）虾蟹混养。虾蟹混养品种主要有拟穴青蟹和大闸蟹等。

（3）虾虾混养。主要是与罗氏沼虾混养。

3）混养品种放养技术

混养品种放养技术存在较大差异，一是品种差异，品种数量差异；二是放养时间差异。笔者近年采用混养技术，也取得良好效果。

笔者在广州南沙新垦地区进行鱼虾混养，也做过许多对比实验，效果较好的是南美白对虾与鲩鱼、鳙鱼混养。以 2018 年为例，在 4 月 2 日的南美白对虾苗，每亩 2.4 万尾。放虾苗后 7 天，每亩放 500 克左右的鲩鱼 30 尾，500 克左右的鳙鱼 15 尾，到 6 月 2 日开始捕虾，平均亩产南美白对虾 233.5 千克，每 500 克 30 尾左右，平均每 500 克 24.1 元，产值 11 254.7 元。余下的鲩鱼和鳙鱼继续养殖到 12 月才卖，经济效益还是不错的。

在华南地区以卵圆鲳鲹、黄鳍鲷的混养较多，这主要原因是其在高盐海区。

四、准确投料，投喂优质饲料

准确投料和投优质饲料，是养虾管理极其重要的措施，它关系到养虾成败，必须认真细致做好。

（一）优质饲料标准

1. 外观

优质饲料外观粒度均匀、颗粒紧实、光洁度高、无裂痕、切口整齐、大小均匀、含粉率低，具有饲料正常气味，无发霉变质、结块现象，无酸性、油焦等异味。

2. 营养成分

饲料营养丰富和平衡。蛋白质含量不低于 40%，脂肪含量大于 7%，可消化磷含量不低于 0.8%，赖氨酸含量不低于 2.4%，蛋氨酸含量不低于 0.8%，粗纤维含量低于 4%，粗灰分含量低于 15%，钙磷比例在 1.5：1 左右。

3. 水中稳定性

南美白对虾配合饲料水中稳定性强，耐水性好。在水温 25 ~ 30℃的海水中能保持两小时以上不溃散。原料的粉碎粒度要细，粉末粒度要达到 95% 通过 80 目筛网。

4. 适口性和诱食性

南美白对虾饲料应具有新鲜芳香的味道，无怪味。由于南美白对虾具有底栖摄食的习性，饲料的适口性要强。

5. 饲料系数

在适宜的温度条件下，土塘对虾养殖使用优质配合饲料的南美白对虾，一般只需养殖 70 ~ 90 天就可以达到 100 ~ 120 尾 / 千克的上市规格，饲料系数为 0.9 ~ 1.1。

判断虾料质量的最好方法是进行对比实验。对比实验最好选择信誉好的名牌产品。虾料竞争非常剧烈，绝大多数厂家都很注重质量。但也存在不良现象。例如厂家到虾农处推广销售饲料时，初期质量还是好的，但随着时间的推移，质量变差，这种情况应引起高度重视。

（二）投饲料方法

1. 设饲料台

1）精养虾塘饲料台

饲料台是观察虾摄食状况的眼睛。饲料的增减完全取决于这个饲料台的摄食状况。

精养虾塘饲料台是开放式的，市场上有售。如果由于种种原因购买不到，也可以用 30 目的筛网制造。方法是用竹片将 1 米 ×1 米的网纱撑起来。竹片的厚度要适中，能弯曲。用两块竹片交叉，将网纱的 4 个角固定，再缚上绳吊起。

2）混养虾塘饲料台

混养虾塘饲料台与精养饲料台完全不同。底层是圆盘。在圆盘上加大网目的网罩，市场也有售。每个 17 元左右。罩的目的是防止混养的鱼类进入饲料台摄食虾料。

3）饲料台的安放

精养和混养饲料都放在路边，方便投料和检查。最好每个虾塘设两个饲料台，位置设在相反方向最好。

另外，在靠近路边的增氧机旁 2.5 米左右，在增氧机的固定绳上安装一个饲料台。这个饲料台不投饲料，目的是观察虾生长状况。若虾发病，有死虾出现，可首先在这个饲料台发现，通过饲料台，也可以观察虾的生长状况。

2. 饲料台的观察方法

每次投完饲料后，应在饲料台上放下当次总投饲料量的 1% ~ 3%。放下饲料台后 50 分钟左右必须定时观察饲料台内饲料状况。如果在这个时间内，饲料台内饲料被吃光，下次或次日增加饲料。正常天气如果饲料台内饲料未被虾吃光，应减料或停料，检查原因，并采取措施处理。若突然降温，虾吃料也会减少，待天气正常时又开始吃。

3. 增减饲料的方法

在正常的养殖季节，虾每天的摄食量为虾体重的 3% 左右，这是广大虾农的普遍共识。不过，最重要的，增减饲料仍应以饲料台观察状况为标准，这是不能动摇的。但实际操作增减饲料，应尽可能多的细致观察饲料台饲料状况，才能更准确投料。例如，在投完饲料后，都可能在不同时间内发现饲料台内饲料被吃光，这种情况下，应在短时间吃光的虾塘多增加一些饲料。至于增加多少最准确，需靠下次观察结果决定。

在笔者接触的虾农中，发现一种错误的投饲料方法，就是几天或更长时间增加饲料。这种方法之所以错误是因为：虾只要正常摄食，就增加体重，摄食量就增加。例如某个虾塘今天投下 100 千克虾料，如果饲料系数都是 1，则表明明天就增加 100 千克虾体重，应增加 3 千克左右虾料。

由于不增加 3 千克饲料就少 3 千克体重。若虾卖 40 元 / 千克，则损失 120 元。若 10 天内才增加一次饲料，损失是有数可计的。此外，这种方法还可能带来更大的危险性。例如，在应增加饲料时没增加，实际上投下的虾料是不够吃的。若这时虾发病，投下的饲料仍被健康的虾吃光，就产生误判，以为虾正常。因为虾发病，总是从少到多，这时虾病的饲料正等于少投下的饲料。若这个时候又遇上虾达到上市规格，影响卖虾时间，损失就更加惨重。

4. 投料时间与次数

从广大虾农长期养殖实践看，每天投 2 ~ 3 次较普遍，其中 2 次最多。有报道指出:每天投 1 次饲料，体重增加 1.62%，每天投 4 次饲料，体重增加 1.7%，如果每天投 8 次，结果与每天投 4 次相同。从以上报道可以看出，投饲料次数不是越多越好。

5. 放虾苗后开始投饲料时间

放虾苗后何时开始投饲料应遵循实践是检验真理的唯一标准来确定。

长期以来一些虾农存在错误的观点。总是今天放虾苗，明天就开始投饲料。甚至有些虾农为了让虾快速长大，用蛋黄、豆浆、丰年虫和虾片投喂，这些都是错误的。

众所周知，土塘养虾有一个必不可少、极其重要的环节，就是肥水，肥水又称培养基础饵料生物。

经过肥水的虾塘，改变了池中的水色和透明度。水色呈褐色或绿色，透明度在 30 ~ 50 厘米。这种水体存在许多浮游动物和浮游植物。这些浮游动物具有不饱和脂肪酸，幼虾最喜欢吃这些浮游动物。如果用透明的玻璃杯盛上一杯池水，就可以看到许多小白点儿在游动，这就是培育起来的浮游动物。如果用 40 目以上的过滤网在池边轻轻一捞，再倒入透明玻璃杯内，加水稀释，就可以看到许多密密麻麻的小白点在游动。由此可见，池中的浮游动物数量是惊人的。

笔者在长期的养虾实践中发现，如果水深为 1.5 米左右，每亩放虾苗 4 万尾左右，放虾苗后 15 ~ 20 天的幼虾开始摄食人工投下的配合饲料；

如果每亩放 3 万苗，放虾苗后 20 ～ 25 天开始吃饲料；如果每亩放苗 2 万尾，在放苗后 25 ～ 30 天开始投饲料。具体的放苗后何时开始投饲料，以幼虾开始摄食的时间决定。具体方法可以参考以下做法。

从放虾苗的第 2 天开始,在饲料台内放下一汤匙的 0 号人工配合饲料，在次日同一时间检查饲料台内饲料状况。如果饲料台内饲料还未被吃完，用上述实验方法继续连续实验，直至饲料台内饲料被吃光，才停止实验，并开始投饲料，凡未被吃光的饲料不要倒在虾塘，以免污染水质。

在这里要特别指出的是，如果毒塘不彻底，池中存在野杂鱼虾等敌害生物，则在放虾苗后次日就有可能把饲料吃光。在这种情况下，应开始投饲料。如果是精养虾塘，可采用中间毒塘技术，用茶籽饼按 8 克 / 米^{3}把野杂鱼毒死。如果是混养到养殖鱼类，则不能使用这种中间毒塘技术，否则把养殖鱼类毒死。

笔者初到某地养虾时，按虾开始摄食人工配合饲料时才开始投饲料，而不是今天放虾苗明天就开始投饲料。邻近的养虾户对此怀疑我这种投饲料方法。后来当他得知笔者在放苗后（每亩放 2.5 万尾）30 天才开始投饲料，虾全长已达 3 ～ 5 厘米时，才恍然大悟。因为这位虾农历来都是今天放虾苗，明天就开始投饲料。

广东省中山市东升镇一位虾农在 2005 年听笔者讲授一堂养虾技术课。当我讲到放苗后何时开始投饲料时感到很新鲜，便在自己虾塘试验。结果发现，在水深为 1.5 米，每亩放 8 万尾虾的土塘，放苗后第 24 天幼虾才开始摄食饲料，并取得成功，事后用电话向笔者报喜，并表示感谢。

6. 关于喂开口饲料

虾塘养虾放虾苗后喂开口饲料的消息是在近几年的事。提出喂开口饲料厂家生产开口饲料和销售开口饲料是谁最早提出,笔者至今还不明白，笔者对放虾苗后投开口饲料持反对态度，应引起广大虾农高度关注，应提高警惕，避免上当受骗。

须知，虾塘养殖使用的饲料呈粒状，这是虾料必须具备的条件，虾正是摄食成形的粒状饲料。而开口料呈粉状，溶解在水里，用泼洒的方法喂虾。这种方法，虾是不可能摄食到的，因为刚放入虾苗时，虾塘存在许多浮游动物，虾最喜欢吃这些浮游动物。

五、中间毒塘

中间毒塘技术是指精养虾塘，用药杀死野生杂鱼，对养殖对虾没有影响。但它不适用混养鱼类的虾塘。

在精养虾塘中，尽量采取各项措施，防止野杂鱼进入虾塘，但很难避免野杂鱼进入虾塘，特别是罗非鱼，其生长快、繁殖快，危害特别大。

（一）野杂鱼和卵进入精养虾塘的原因

1. 漏洞

虾塘漏洞是土塘最常见的现象。建塘初期，漏洞少。但随着养殖时间的推移，各种蟹类会钻洞，久而久之，洞由小变大。遇到这种情况，尽力把漏洞堵死，堵漏洞时，必须用较硬的湿泥，用脚用力踩。但有些虾塘，用人工办法无法把漏洞堵死。当发现的漏洞堵不死时，水又从其他地方渗出,防不胜防。遇到这种情况,应用80目以上的废弃旧网纱,把漏洞口铺上，让水可以进出，但鱼和鱼卵不能进入虾塘。笔者用这种方法进行处理，取得良好的效果。

2. 进水网孔太大，鱼卵从网纱进入虾塘

在珠江三角洲地区绝大多数经销商销售的网纱都是以大网目充当小网目卖给虾农，而虾农又不会辨别，造成损失。笔者曾在广州南沙区某销售网纱店，想买100目网纱。当笔者询问是否有100目网纱时，答复是有，但当看到商家提供的网纱，知道是假货，当即用放大镜数一下网目，结果是32目，但就这样，商家长期把32目的网纱卖给虾农，而虾农又不懂得计算网目方法，只好上当受骗，承受损失。

在这里顺便介绍计算网目的简易方法：当决定买网纱时，带一把尺、一个10倍左右的放大镜、一支写字笔。想买多少目的网纱，在网纱上用尺量出1寸（2.54厘米）距离，并用笔画出一条直线，然后用放大镜逐个计算出孔数。计算结果就是网目。

3. 毒塘不彻底

毒塘不彻底表现在两个方面：一是用量不足或毒塘药物失效；二是在毒塘过程中有新鲜水流入虾塘。野杂鱼在毒塘过程中中毒后，会寻找新鲜水避难。如果毒塘时，池塘外面水沟的水位比池塘内水位高，外面的新鲜水便会流入塘内，野杂鱼就没有被毒死，这时留下的鱼或卵，在池塘中便不断繁殖，因此，在毒塘时，务必使池塘外水沟的水位比池塘内水位低，没有新鲜水进入池塘，野杂鱼才会全被毒死，这是笔者在长期毒塘中总结的经验，供参考。

4. 闸门有裂缝

有的地区虾塘安装闸门进出水，这种虾塘很难达到彻底毒塘的目的，最有效的方法是利用潮汐控制水位，让池塘内水位高于池塘外水位。

进入池塘内的野杂鱼危害极大，由于它不断繁殖和长大，占领养殖水体，消耗氧气。个体大的鱼类，还抢食蜕壳虾类，同时鱼类还抢食饲料。生长 1 千克肉食性鱼类，需吃掉 7 ~ 8 千克虾类。

（二）进入池中野杂鱼的危害性

1. 影响对虾养殖成活率和经济效益

进入虾塘的鱼或卵不断长大，抢食蜕壳虾危害极大，特别是罗非鱼的进入更可怕，它在 2 ~ 3 个月内就会繁殖新的一代，有时候一个 10 亩左右的土塘，捕获到 500 ~ 1 000 千克不等的罗非鱼。这些鱼类抢食饲料，也抢食蜕壳虾，严重影响成活率，降低经济效益。

2. 大大加大捕虾工作量

由于虾塘中存在大量鱼类，特别是罗非鱼，使虾产量大减，而虾却很少，在收虾时，不得不把鱼虾分开，只好在地上铺上塑料薄膜挑拣，需亲自一只一只把虾拣出，非常麻烦，浪费许多劳动力。更有甚者，由于罗非鱼多，价钱又低，又没人要，特别是深夜捕虾，更很难找到客户购买，到次日便发臭，只好挖坑埋去，非常辛苦。

3. 浪费饲料

进入虾塘的野杂鱼抢食饲料，大大增加饲料用量，浪费资金。

4. 消耗氧气

虾塘中存在鱼类，会大量耗氧，降低虾塘含氧量，影响对虾生长，甚至发病。

5. 污染水质和底质

野杂鱼的增多，增加虾塘中鱼类的排泄物，造成水质和底质污染。

（三）中间毒塘的方法

中间毒塘可使用茶籽饼，茶籽饼又称茶麸。茶籽饼灭杀鱼类的最低浓度为 3×10^{-6}，因此建议养虾池在 100 亩时使用 5×10^{-6} ～ 7×10^{-6}，100 亩以上时用 7×10^{-6} ～ 10×10^{-6}，盐度在 15 以下时，茶籽饼浓度可适当增大。

笔者从长期实践中发现，中间毒塘时茶籽饼的浓度在 5×10^{-6} ～ 8×10^{-6} 最合适。笔者在养殖斑节对虾进行中间毒塘时，10×10^{-6} 的浓度会毒死蜕壳软虾。笔者在 2000 年到广东台山市作对虾养殖技术讲课前，一位虾农讲起用 20×10^{-6} 茶籽饼进行中间毒塘，结果把虾毒死。

当然中间毒塘茶籽饼的浓度会受质量影响，浓度也有变化，这些都应在实践中总结经验教训。

（四）注意事项

1. 准确计算好茶籽饼的用量

在笔者与一些虾农的接触中发现，许多虾农不会计算用量，在这里顺便谈一下计算用量方法。浓度乘体积就是用量，例如，一个虾塘面积 10 亩，水深是 1.5 米，茶籽饼的浓度是 8×10^{-6}（10^{-6} 表示立方米水体的用量），用量为：亩面积乘水深乘浓度。即：10 亩 ×667 米^2/ 亩 ×1.5 米 ×8 克 / 米^3 = 80 040 克 = 80 千克 = 160 市斤。

2. 茶籽饼浓度 8×10^{-6} 为宜，即 1 立方米水体放 8 克

茶籽饼的浓度超出安全浓度会把养殖的虾毒死，因此必须注意使用正确的浓度。用茶籽饼进行中间毒塘与放虾苗前的毒塘是两个不同性质的概念。即放虾苗前的毒塘，又称清塘，是把池中所有病毒、细菌、野杂鱼虾等一切生物杀死，因而浓度较高，而中间毒塘仅把非养殖的野杂鱼杀死，对养殖的虾没有影响。常规的毒塘，由于茶籽饼的浓度大，施药后 30 分钟左右，池塘生物有异常现象，随后有野杂鱼虾游动，随着时间的推移而死亡。而中间毒塘时茶籽饼浓度较低，鱼类死亡的时间会往后推移。

六、生物学测定与存塘量

（一）对虾生物学测定的意义

1. 及时掌握对虾生长状况和健康状况

生物测定是指在放虾苗后，体长达 5 ~ 7 厘米后，定期或不定期测定对虾体长、体重、摄食状况。及时了解对虾生长状况、个体大小，为组织上市提供科学依据。

对虾养殖伴随着蜕壳而生长。在正常情况下，每次蜕壳对虾的体长都会得到一定幅度的增长，所以对虾蜕壳也就是生长的标志。南美白对虾一般前期 3 ~ 4 天蜕壳一次，中后期 5 ~ 7 天蜕壳一次，每次蜕壳体重增加 20% ~ 50%。

生物学测定一般 10 ~ 20 天进行一次，测定项目是体长（或全长）和体重。体长是指眼柄基部至尾节末端的长度，单位是毫米。全长是指额角尖端至尾节末端的长度。体重是用称测得的重量。测定尾数由需要而定，一般以 20 尾左右比较合适。方法是用饲料台取样较方便。一般在投完饲料后 30 分钟左右，饲料台虾最多，将饲料台迅速提起，放在一个大盆内，虾或跳出或捕捉。个体大时可用抛网获得。

2. 观察对虾摄食状况

观察对虾摄食状况是通过观察虾的胃和肠的颜色来判断。

依据胃含物状况，将胃分为饱胃、半饱胃、残食胃和空胃 4 个等级。饱胃：胃腔内充满食物，全部为黑色，肠全部黑色，这是健康虾的表现；半饱胃：胃含物约占全胃腔的 1/2 以上，或占据全胃，但胃壁不膨胀，这可能是饲料不足或存在发病的可能；残食胃：胃含物不足胃的 1/4，这可能是虾生长不正常，开始发病；空胃：胃内没有食物，似透明白色，这表明虾很可能已经开始不摄食，已发病。

在一般情况下，健康的虾，在投完饲料后 1 小时左右，胃是属于饱胃，饲料台饲料也被虾吃光。如果在投完饲料后 1 小时左右，出现半饱胃、残食胃和空胃等现象，很可能虾生长不正常，应及时查明原因，及时处理。

（二）对虾存池量的估算

估算虾塘虾的存池量对安排生产、卖虾有重要作用。在以往的一些书刊报道中，有旋网计数法和拖网计算法，但这两种方法误差较大。笔者在长期虾塘养虾实践中，总结出如下简易估算法。这种方法验证虾塘的实际存池量时，具有一定的参考价值。这种方法称为饲料估算法，具体方法如下：

1. 精养虾塘估算法

精养虾塘虾的存池量估算方法如下：当天总投饲料量除以 3，再乘以 100，所得的值为该虾塘虾的总产量。例如某虾塘，每天投两次饲料，每次为 50 千克，两次总投饲料量为 100 千克，除以 3，再乘 100，则为（50 + 50）÷ 3 × 100 = 3 330 千克左右。这个估算方法只是近似值，虾农可以在长期实践中总结经验教训。

2. 混养虾塘估算法

混养虾塘由于投鱼料，虾可以摄食残饵和过量鱼料，估算虾存池量远远高于上述方法估算值。例如，笔者 2018 年在广东省广州市南沙区新垦地区，进行鲩鱼、鳙和南美白对虾混养，有些虾塘饲料系数为 1，有些为 0.5，有些为 0.3，更有甚者，有两个虾塘，从放虾苗到收虾全过程，放在饲料台内的虾料虾几乎都不吃或极少吃，但在收虾时收到 300 ~ 400 千克不等的虾。

3. 总饲料量估算法

这个方法更直接，更具体，也有参考价值。即在正常养殖（指养殖全过程，虾没有发过病）情况下，一般在精养虾塘，饲料系数都在 1 左右。在估算虾存池量时，某虾塘所投的总饲料量就是虾的存池量。这个方法可根据自已实际经验总结出最合适方法。这个方法，必须做好养殖日志，用累计方法，随时可以了解某塘某一天的总投饲料量，可方便了解总存池量。

七、冬棚养虾

（一）冬棚养虾的意义

冬棚养虾具有经济效益好、产量高、充分利用池塘资源等优点，凡能养殖南美白对虾的地区都可以养冬棚虾。许多具有养冬棚虾经验的虾农认为，宁愿不养白水虾，也要把冬棚养虾的时间安排好。但冬棚养虾更辛苦，时间也较长，风险也很大。同时，由于养冬棚虾，对晒塘和清淤工作有影响，各虾农应根据实际情况安排养殖模式。

（二）冬棚的建造

搭冬棚已形成专业化、产业化。许多地区都有专门的搭棚队伍，双方协议好价钱后，搭棚队就承包全工程。但由于搭棚时间比较集中，应事先做好安排。在珠江三角洲地区搭棚成本一般为每亩 2 500 元左右。有些地区政府有关部门有专门冬棚虾补助，支持冬棚虾养殖。

1. 建造时间

建造时间以气温降至 20℃ 左右最好。在华南地区，一般在 10 月底搭建完毕，11 月冬棚就能使用。

2. 冬棚的建造

冬棚符合如下要求：坚固，能抵御八级以下大风；棚顶斜度平顺，不储水；棚脚高于排水沟，方便排出地面积水。

1）设中间柱

在池塘中间，沿池塘长的一面，竖一条立柱，立柱高度以方便防风防寒、工作时工作方便且节约成本为原则。

立柱可用杉木、杂木、水泥栓或石柱，立柱间隔 3 米左右，长度由池塘水深而定。长度固定好后，以高于地面 1 米为宜。如果太高易被大风吹坏，也会加大成本；太低，操作也不方便。

2）拉钢丝绳

先沿中间栓柱拉好钢丝绳。钢丝绳要坚固，以人能在绳上自由爬动为原则，然后拉横纵方向的钢丝绳。其间距 0.5 ~ 1 米。

3）立塘边桩柱

在池塘四周立桩柱，桩柱常用短木或钢管。钢丝绳就固定在桩柱上，使棚面纵横交叉的钢丝绳固定。

4）铺塑料薄膜

在所有的钢丝绳固定好后，铺塑料薄膜。塑料薄膜质量要好。铺塑料薄膜时应注意如下事项：

（1）如果虾塘有南美白对虾，塑料薄膜应在 1 ~ 2 天内密封，不要一次性密封，这有利于适应环境。

（2）虾塘没有对虾时，可一次性密封。

（3）塑料薄膜必须是透光的，阳光能直射入池塘。

（4）冬棚密封后不要拉开通风。

5）拆除冬棚的时间和方法

（1）拆除时间应在水温稳定在 24℃ 以上。

（2）拆除方法有两种：

①只拆塑料薄膜，不拆除支架和钢丝绳，这可节约材料，节省人力；

②除四周的短桩柱外，其余所有材料都拆除。这种方法可能会破坏些材料，花更多人力、物力，但给养殖带来很多方便。

（三）冬棚虾养殖技术要点

1. 保温

首次要重视盖棚薄膜的保温性能。薄膜的质量是保温的保证，从广西北海新搭的冬棚了解到，室外 8 ~ 10℃，棚内温度却可以达到 26 ~ 29℃。保温是冬棚养殖的基础，是根本保证，搭冬棚的目的，首先解决的是保温的问题，其次才是解决气候变化的应激问题。塑料薄膜的保温和耐用性能应为首要考虑因素，透光性才是第二位的。

2. 使用微生物制剂改良底质和水质

水质的变坏，是由底质污染引起。底质污染是由养殖生物的排泄物、残饵和生物尸体等有机物引起，对于养殖生物，这些有机物是不可避免的，但有机物如果越来越多，问题就会越来越严重，为此，应定期向养殖水体使用包括芽孢杆菌和光合细菌、EM 菌等在内的微生物制剂。这些细菌能把大分子有机物分解成小分子；再转变为无机盐，对改良底质和水质均起良好的作用。有益菌群的优势，能以菌抑菌，有效抑制病害菌的繁殖以及对虾的侵害。厌氧菌的大量繁殖，是致病性细菌、病毒滋生的根源。使用微生物制剂，可防止厌氧菌的繁殖，维持水体的生态平衡。

3. 准确投喂饲料

准确投喂饲料是对虾养殖过程中最重要的管理工作。这项工作的好坏，关系到养虾成败。冬棚虾最重要特征之一，是投入大、收益高，但一旦虾发病，损失惨重。保证冬棚虾的成功养殖是头等任务，而投喂饲料工作尤为重要。为此，所投的饲料必须准确，绝不能过量。然而传统的许多投饲料方法都是错误的，例如放虾苗后，虾还没开始摄食饲料时，就开始投饲料；投开口饲料等。为了避免投喂饲料过量，必须在投完饲料的饲料台内放下当次总投饲料量的 1% ~ 3%，放完饲料后，50 分钟左右检查饲料台内饲料状况，如果没有吃完，必须减料或停料。这对于冬棚虾尤为重要，因为冬棚虾处于冬天，气温变化特别大，摄食量变化也大，为此，在投饲料时，必须注意天气预报，准确投料。

4. 增加氧气

保证虾塘有充足的溶解氧，是养虾成功的保证。氧气不仅提供呼吸、为生长提供生活条件，也是维持水体生态平衡，防止水质恶化的重要条件。因为虾塘的有机物在溶解氧充足的条件下，会进行氧化反应，使各种生物处在稳定的平衡状态，有益物质则越来越多，或者讲，“好朋友”遍天下。若虾塘缺氧，不仅会使虾浮头、发病，也会使有机物进行还原反应，有害物质越来越多，问题越来越严重，导致对虾发病。

5. 施沸石粉

据报道，每千克沸石粉可带进空气 10 万毫升，相当于 2.1 万毫升氧气，它们可以微气泡放出，增氧效果很好。使用沸石粉时，务必是干撒，每亩用量为 20 千克左右。如果是因缺氧浮头，应立即干撒沸石粉，浮头现象会立刻消失，效果非常明显。有些虾农在使用沸石粉时加水湿撒，这种方法是错误的，因为加水后，沸石粉内的氧气溢出，起不到增加氧气的作用。

6. 施增氧剂

冬棚虾常施增氧剂是取得成功的重要措施之一，增氧剂的作用除了增加氧气外，还能起到改良底质、水质的作用。增氧剂在养虾过程中必须备用，若遇到突然停电，而在短时间内不能抢修好，其作用则更大。特别是养殖中后期，虾塘存池量很大的情况下，更不能缺氧。

7. 做好水质监测和调节工作

目前许多虾农都不重视水质监测工作，盲目养虾，这是极端错误的。冬棚虾受自然环境影响，水质变化较大，应定期或不定期测定虾塘的水深、盐度、水色、透明度、溶解氧、亚硝酸盐、氨氮和酸碱度等。若发现水质或虾有异常情况，就可以及时地有针对性地进行水质处理。在正常情况下 5 ~ 7 天测定一次，并做好记录。冬棚虾最大特点之一，是棚内外水温差异很大，一般情况下，换水较困难，只能以全封闭方法养殖，因而水质的监测与调节工作更重要。

8. 慎用抗生素和杀菌消毒类药物

在对虾养殖过程中，存在一种错误思想，就是认为细菌、病毒是虾发病的根源，只要把这些细菌病毒杀死，虾就不会发病。大量的实践表明，用杀死细菌病毒的方法，并没有起到防病作用，相反，使用杀菌、消毒药物，不仅将有害的细菌病毒杀死，也同时把虾塘中的有益微生物杀死，而且虾塘中生物，绝大部分都是有益的，它是维持生态平衡的主力军，是防止细菌、病毒侵害虾体的第一道防线。如果这第一道防线被破坏，细菌、病毒更容易使虾发病。杀菌、消毒剂对虾塘环境也起破坏作用。为此，应转变观念，尽量少用或不用杀菌、消毒及抗生素类药物。

八、淡水和内陆地区养虾

南美白对虾对盐度适应范围很广，适应性也很强。在 0 ~ 40 均可生存。它除了能在有盐度的天然海水中养殖，也可以经过淡化技术处理后，在纯淡水的沿海地区和内陆地区养殖。

在内陆的新疆、江西、云南、湖南、湖北和四川等地均有养殖成功的报道，其中以湖南和湖北最突出。其中湖北养殖面积达 2 万亩，湖南面积达 3 万亩。

南美白对虾自在内陆地区试养成功以来，发展很快。它具有养殖周期短、见效快、经济效益和社会效益好、市场前景广阔等特点。以湖南常德为例，2015 年，常德把南美白对虾养殖作为支柱产业来发展。常德规划建设 10 个对虾标准化养殖示范园，逐步健全苗种供应、养殖、加工和流通产业链，并与中国水产科学研究院南海水产研究所签订了“科技合作协议”，共同开展对虾养殖科技创新和成果转化示范，将常德市打造成全国第一个内陆淡水养殖南美白对虾基地。常德在 2015 年养殖面积达 1.8 万亩，澧县作为主产区，养殖面积达 1.4 万亩，辐射带动安乡、汉寿、鼎城等区县（市），覆盖了全市 400 多家养殖户，年产预计突破 6 000 吨。养殖户反映，只要养殖技术过关，每亩纯收入可达 1 万多元。据悉，2016 年在四川南充地区，每千克南美白对虾在虾塘交货价为 120 元。内陆地区养殖南美白对虾前景广阔。

内陆和纯淡水地区养殖南美白对虾技术与沿海有海水地区基本相同，养殖技术要点如下。

（一）调节盐度

调节盐度有如下四种方法。

1. 直接买海水或卤水

许多近沿海，但又没有海水进入虾塘的地区，通常离海边较近，多数采用买海水方法。这些地区有专门销售海水的船，一般每船装海水350吨左右，价格取决于虾塘的运海水远和近的距离。距离海边越近，价格就越便宜。

这种船有专门的供海水设备，利用抽水机，通过管道，泵到虾塘。

有些虾农也买卤水调节盐度，在沿海地区往往有晒盐的盐场。盐场内有盐度高达70以上卤水。通过汽车把卤水运到虾塘。

2. 抽地下水

在沿海地区，往往存在地下海水，地下水的盐度常常达16以上。

3. 买海水晶或海盐

在内陆和沿海纯淡水区，运输方便，操作方便，买海水晶调节盐度比较普遍。

4. 配方海水

在内陆地区，用配海水方法，调节盐度，在这里介绍两个配方：

1）水深为1米，投放的人工海水盐配方为：NaCl 0.1千克/米^2、$MgSO_4$ 0.1千克/米^2、NaBr 0.02千克/米^2、H_3BO_3 0.1千克/米^2、$CaCl_2$ 1千克/米^2、KCl 1千克/米^2，同时投放含钙、镁、锌、铁的微量元素1千克/米^2。

2）人工海水按100立方米加入氯化钠500千克、氯化镁150千克、氯化钙18千克、氯化钾9千克、硼酸6千克、溴化钾1千克配置。

纯淡水养殖南美白对虾，不能把买回来的虾苗直接放入养殖池，应先放在淡化池淡化。淡化池的盐度有不同的报道，多数为2～5，最高为 8，在有关盐度的报道中，发现有不同的表示方法，有的用 2 ～ 5 表示。为此，在这里介绍一下比重计与盐度（S）的换算公式：

在不同温度下，海水相对密度（比重计）与盐度公式：

水温高于 17.5℃时，

S = 1 305（相对密度 − 1）+（t − 17.5）× 0.3

水温低于 17.5℃时，

S = 1 305（相对密度 − 1）+（t − 17.5）× 0.2

S 为盐度，t 为水温。

例如，用比重计测得的读数为 1.005，水温为 25℃时，盐度为：

S = 1 305（1.005 − 1）+（25 − 17.5）× 0.3

= 1 305 × 0.005+7.5 × 0.3

= 6.525 + 2.25

= 8.775

（二）淡化

1. 淡化池的建造

1）地址

地址选择对养殖成功起重要作用，在条件许可的情况下，应选择在进排水时能自然进排的地方最好，这在养殖期间进行换水时很方便。例如内陆地区往往有许多丘陵地区，有斜坡，在这样地区建虾塘可减少抽水费用。

2）面积

淡化池是在养殖池中一角建成，面积由虾塘面积决定，淡化池面积一般占养殖池面积，以每立方水体放 1 万 ～ 2 万苗为宜，有的地区也有 3 万 ～ 5 万 / 米^3。条件允许时，最好建大些，放苗密度不要太大。

3）增氧

由于淡化池的虾苗密度较大，增氧尤为重要。许多地区的增氧采用气石，氧气来源可以是小型增氧机或鼓风机。气石一般是每平方米 2 ～ 4 个，气石离池底 5 厘米左右。增氧量应保持在 5 毫克 / 升以上。淡化前一天应增氧。

4）淡化池建造

淡化池建议采用不漏水的塑料布或七色布用竹竿固定建成。

2. 淡化前的准备工作

淡化前的准备工作和养殖池准备工作相同，例如进水时，进水网的网目必须在 80 ~ 100 目以上，防止野杂鱼虾的进入；毒塘（又称清塘）必须彻底，必须把所有敌害生物杀死；肥水透明度在 50 厘米左右最好，时间应在淡化前 10 ~ 20 天完成。

有条件的地区应用购买的虾苗进行试水，没有条件的地方，例如内陆远离虾苗场有数千千米，不可能因为试水把购买虾场的虾苗运回试水。遇到这种情况，也可以在本地区取些小鱼虾试水，若小鱼虾生长正常，表明淡化池内水正常，可以放苗。

（三）虾苗选购

虾苗选购与普通的对虾养殖技术相同，在有条件的地方，应就近购苗，而且应亲自看虾苗，亲自计数，亲自运输。由于内陆地区离沿海虾苗场路途遥远，亲自办理购苗的各项工作也有许多困难，应根据具体情况处理好各项工作。

例如在内陆地区，不适宜用汽车运苗，往往要用飞机运输。遇到这种情况，可通过虾苗场采用快递方法，让虾苗场把虾苗运到目的地，费用会比邻近购苗贵 50 元左右。笔者曾为一位四川籍虾农购苗，也取得良好效果。

虾苗选择最好的方法，是到虾苗场，让虾苗场有关人员捞虾苗池最底层虾苗查看。如果是健康虾苗，都具有如下特征：

①个体整齐。

②体节细长、透明，胃肠内食物饱满，肠线清晰，尾扇舒展，游泳时有明显方向。

③没有出现不正常的黄色、红色或死虾、有镜检的，体表干净、附肢完整，无寄生虫等。

1. 虾苗淡化

有报道指出，水体盐度在 10 ～ 20 时，南美白对虾苗能忍受的盐度变化范围大约在 4 ～ 5；水体盐度在 10 以下时，南美白对虾苗能忍受的盐度梯度变化范围为 3 以内；当水体盐度在 5 以下时，南美白对虾苗能忍受的盐度范围在 1 ～ 2。

具体技术操作要点如下：

①水体盐度超过 10 时，每天淡化 2 ～ 3，一般需要 2 ～ 3 天。

②在水体盐度为 10 时，每天淡化不超过 2，一般需要 2 ～ 3 天。

③当水体盐度淡化至 5 左右时，待稳定 1 ～ 2 天后再进行淡化，每天淡化不超过 1.5，一般需要 3 ～ 4 天。当淡化池池水比重降至 0“格”附近时，此时盐度更低。通过这种渐进式梯度淡化虾苗时，成活率可达 95%，可大大提高放苗的成活率。

淡化速度和方法各地也不同，有的用小型抽水机，把养殖池的水抽到淡化池，在建造淡化池时，在侧面开一个直径 10 厘米左右的小孔，然后用 40 目网纱缝上，让水可以进出，但虾苗不能进出；有的地方用压低塑料薄膜的方法，让水逐步添加到淡化池，这种方法需多次进行，以虾苗能适应为原则。

2. 淡化管理

1）水质管理

水质管理与成虾养殖相同。即在建淡化池前，应把全池水质处理好。具体地说，就是把毒塘、肥水等工作做好，使水质要素都处在正常状态。

水质管理要做好水温、水深、盐度、酸碱度、溶解氧、氨氮、亚硝酸盐等测定和调节工作。

2）投喂饲料管理

投喂饲料一般都使用虾片（粉状）。具体用量：早期 0.5 克 / 万尾，第二天起每天增加 5% ～ 10%，每天投喂 4 ～ 6 次。操作时，先把计算好的虾片置于 60 ～ 80 目的尼龙筛绢袋中，然后将袋子放在加有水的饲料桶中用手捏挤，使饲料全部溶散于水中，均匀泼洒。

在晚上投完饲料后，立即关灯，以防止因虾苗趋光过度密集，避免互相残杀。

（四）养殖期管理

养殖期管理与沿海地区基本相同，重点应做好如下工作。

1. 准确投料

投喂饲料是养殖期最重要、工作量最大的管理工作，它关系到养虾成败，必须认真做好。

首先，做好开始投喂饲料工作。这项工作在沿海土塘养殖中容易犯传统的错误投饲料方法，即在放虾苗后当天或次日便开始投喂饲料，这种方法是错误的。这是因为，土塘养殖南美白对虾，有一个极其重要、必不可少的环节，就是肥水。通过肥水的虾塘，池中存在许许多多的浮游动物。这些浮游动物，具有不饱和脂肪酸，幼虾最喜欢吃，只要用透明玻璃杯盛上一杯水，就可以看到许多小白点在游动，这就是浮游动物。

如何判断放下虾苗的幼虾何时开始投饲料，最有效的方法，就是用饲料台做试验。即在放下虾苗后开始在饲料台内放下少许饲料，次日检查饲料状况。若尚未吃完，则继续试验，直至饲料台内饲料被虾苗吃光才停止试验，并立即投喂饲料。在试验过程中，要把饲料台内未被吃光的饲料倒掉，但不要倒到池内，以免污染水体。

一般的土塘，若每亩放 3 万尾虾苗，在 20 ~ 25 天左右开始吃饲料。

其次，做好饲料的增减工作。即在每次投完饲料后，在饲料台内放下当次总投饲料量的 1% ~ 3%，并在 1 小时后检查，如果饲料被吃完，下次或次日增加饲料。一般是每天增 1 ~ 2 千克（视池塘大小和数量情况决定）。若饲料台内饲料未被吃光，而天气又正常，应减少饲料或停止投饲料，并分析原因，立即处理。

在这里要特别强调的是，凡投喂的饲料决不能过量。投喂的饲料过量是虾发病的重要原因之一。

2. 增氧

缺氧是虾发病的主要原因之一。养虾全过程必须保证有充足的溶解氧，必须使虾塘溶解氧在 5 毫克 / 升以上。

虾塘溶解氧不仅是养殖生物的需要，也是改良水质和底质、维持水体生态平衡的需要。以往对虾塘溶解氧的作用，往往单纯地认为是虾呼吸的需要。这种观点有片面性。这种观点会对虾农产生误导，认为虾塘虾只要不浮头，就不缺氧。

要知道养虾是一项系统工程，有一个环节失误，都可能导致养虾失败。虾塘的溶解氧充足时，各种有机物是进行氧化反应的，水质也会越来越好，而虾塘溶解氧不足时，各种有机物是进行还原反应，有害物质就越来越多。虾塘在养殖过程中，由于有残存饲料、动物尸体和各种沉积物等存在，有机物就越来越多。随着温度的上升，会加速有机物的分解。这种情况下若缺氧，虾就很容易发病。

虾塘溶解氧的来源，主要是池中浮游植物的光合作用，其次才是增氧机等。要保证池中的溶解氧，首先要培养良好的水色和透明度。许多学者的最新研究成果认为，水色为褐色，透明度在 50 厘米最好。笔者已十余年在虾塘吃住，亲自观察和测定水体溶解氧的变化状况，发现在夏天的高温季节，若透明度在 30 厘米以下，早上的溶解氧特别低。这主要是低透明度水体的浮游植物偏高，夜里耗氧量特别大，会导致次日凌晨溶解氧特别低。在这种情况下，应用调节水体透明度的方法调节溶解氧含量。

有的虾农认为，虾塘在夏天有阳光的时候，溶解氧很高，夜里也会很高，不会缺氧。而事实表明正相反。为此，夜里必须开增氧机供氧。

开增氧机的时间一般是在夜里，养殖旺季开机、阴雨天和恶劣天气开机。此外，中午 12 点到下午 2 点也应开机，这个时候开机的主要目的是让增氧机搅动水体，使水体上下层产生对流，把表层和上层的含氧量高的水体带到下层，让下层含氧量低的水体带到上层。下层水体含有有机盐较多，也为表层水体浮游植物的光合作用提供营养盐，更有利于维持水体的生态平衡。

目前我国养虾有 80% 左右失败，原因很多，与虾农盲目养虾，不测定虾塘的溶解氧有密切关系。

五年前笔者在广州南沙区新垦地区某养虾基地开始养虾。那时在同一基地有五位虾农养虾。五年后，其余四位虾农由于养殖连年失败，先后不再养虾，仅剩下笔者基地继续养虾。这四位虾农养虾失败的重要原因之一，是盲目养虾，从来没有使用各种水质监测设备测定水质状况。而笔者则按照科学方法，长期不间断地测定水质状况，特别是溶解氧的测定。例如在广东珠江三角洲地区，每年的四五月是阴雨天季节，这个时候正是放虾苗季节。这个时候也是虾病多发季节。笔者由于购买了溶氧仪（每台 1 700 元左右），定时和不定时测定虾塘溶解氧状况，并做好记录，准确地掌握好增氧机的开关时间，虾就不容易发病，并取得成功。而其余四位虾农，都几乎犯一个相同的错误，在白天日出后，很早就关闭增氧机，这种方法是错误的，也是不可取的。

笔者发现，在早上日出以后的较长时间内，即在上午 9 点前，即使是晴天，溶解氧仍较低，还没有达到 5 毫克 / 升，笔者仍未关闭增氧机，而其余虾农则早在 2 ~ 3 小时前就关闭增氧机，虾塘很容易缺氧，虾就容易发病。

科学技术是第一生产力，是千真万确的真理。我国目前许多虾农，仍用传统的旧思想、老方法养虾，这正是许多虾农养虾失败的重要原因之一。

3. 使用微生物制剂

微生物制剂在对虾养殖中应用，是对虾养殖技术的重大突破，它在改良水体环境和肠道功能等方面起到重大作用。

微生物制剂从 20 世纪 90 年代开始使用，至今已广泛应用。

目前在对虾养殖中应用的微生物制剂主要有芽孢杆菌、光合细菌、乳酸菌和硝化细菌等。

1）芽孢杆菌的特性及应用

（1）特性。芽孢杆菌种类很多，它能分泌丰富的胞外酶素，可降解蛋白质、淀粉、脂肪、核酸等有机物；可形成芽孢体以适应不良环境，芽孢体耐高温、抗干燥，故芽孢杆菌微生物制剂可以制成固体制剂，利于保存和运输。

（2）应用。芽孢杆菌以休眠体状态保存，使用时，先用池水浸泡 4 ～ 5 个小时。由于其耗氧量大，必须在晴天、池塘中溶解氧充足的情况下才能使用，在泼洒时，应开增氧机以防止缺氧。

芽孢杆菌能快速降解代谢产物，减少有机物在池底的累积，促进有机物起到循环作用，促进藻类繁殖，可降低水体中亚硝酸盐等有害物质的含量，改善水质；同时可以抑制有害细菌的繁殖，促进有益菌形成优势种群，保持良好的生态环境。

2）光合细菌的特性及应用

（1）特性。光合细菌是一类有光合色素、能进行光合作用但不放出氧气的原核生物。能利用硫化氢、有机酸作为碳源，利用铵盐、氨基酸、硝酸盐、尿素做氮源，但不能利用淀粉、脂肪、蛋白质等大分子有机物。光合细菌营养丰富，蛋白质含量高达 65% 以上，含有丰富的氨基酸、维生素、叶酸、类胡萝卜素及生物体内重要的生理活性物质辅酶 Q，也可以作为养殖动物幼体极好的开口饵料。

（2）应用。养殖过程中出现浮游微藻繁殖过度、氨氮过高、阴雨天气等情况时，使用光合细菌进行调控，可有效降低水体中的氨氮、亚硝酸、硫化氢等污染物的浓度，净化水质，平衡藻相和菌相。苗期使用光合细菌为虾苗提供丰富的营养，促进生长，提高免疫力。

3）乳酸菌的特性和应用

（1）特性。乳酸菌是一类能利用可发酵碳水化合物产生大量乳酸的细菌的通称。生产上应用的乳酸菌可以快速利用水体中溶解态有机物，如有机酸、糖肽以及亚硝酸盐，净化水体；代谢过程中产生丰富的生物有机酸和抑菌物质，能降低水体酸碱度，同时有解毒功效；能有效调整水产动物肠道的菌群平衡。通过营养竞争、附着点竞争或分泌抗菌活性物质，抑制弧菌等病原菌的繁殖。

（2）应用。乳酸菌微生物制剂以乳酸杆菌为主导菌培养而成，可以吸收利用小分子有机物和无机物，平衡微藻类的繁殖，降低水体中的氨氮、亚硝酸盐、硫化氢等有害因子，起到净化水质的作用。

养殖过程中，使用乳酸菌制剂可以有效缓解水质老化、泡沫多、亚硝酸盐高、pH 过高等现象。

4）用微生物制剂拌料喂虾和微生物发酵饲料喂虾的优越性和作用机理

（1）优越性

①促进虾对饲料的消化吸收。发酵饲料是在各种分解酶、多种微生物活菌作用下，把虾不能吸收的高分子碳水化合物转化为可吸收的低分子碳水化合物，即能量饲料。

②发酵饲料的多种微生物活菌能大量吸收虾难以利用的有机氮、无机氮，使之转化成为多种菌体蛋白质即蛋白饲料，显著增加了饲料的营养成分，降低饲料成本。

③多种微生物活菌在发酵中能产生大量蛋白酶、脂肪酶、淀粉酶、纤维素分解酶、B 族微生物和维生素 A、维生素 D，多种微生物活菌在虾体内建立起微生态平衡，增强免疫力。

④改善了饲料的适口性，增加采食量和采食速度。

（2）作用机理

①生物屏障作用。在肠道内的有益细菌通过与有害细菌竞争定植点位和夺取营养物质，抑制和阻止有害细菌在肠黏膜的附着和繁殖。

②化学屏障作用。通过有益微生物，例如乳酸菌类产生的有机酸（乳酸、丙酸、乙酸）使消化道内 pH 降低，抑制其他病原微生物生长。环境 pH 为 4 时，大肠杆菌和沙门氏菌不能增值，起到维持肠道菌群平衡，促进生长的作用。同时消化道内的酸性环境促进矿物质元素钙、磷、铁以及维生素 D 的吸收和利用。

③有益微生物可产生肽细菌素、酶类及少量无机物，可抑制有害菌的生长，或阻止有害细菌毒素在上皮细胞的黏附和侵入。

④营养作用。发酵饲料中的有益菌本身即为一种高级蛋白质，同时在虾肠道内代谢，可产生多种有助于虾营养消化的有益因子，促进虾的发育和增重。例如，芽孢杆菌能分泌多种消化蛋白酶、淀粉酶、脂肪酶等，

促进营养物质的消化和吸收;酵母菌可产生氨基酸、多种维生素供虾利用,酵母菌还可以促进植酸酶的产生,提高虾对磷的利用率。

⑤防止有害物质的产生。微生物发酵饲料促进营养物质的消化吸收,减少氨和其他腐败物质的产生。研究表明,微生物发酵饲料可减少内容物、粪便、门静脉中氨的含量以及肠道中甲酚、吲哚、3-甲基吲哚等腐败物质的含量,减少粪便的臭味,净化环境。

⑥提高机体的免疫力。微生物发酵饲料中的有益菌可以作为一种非特异性免疫调节因子,通过细菌本身或者细胞壁成分刺激并激活宿主免疫细胞,促进吞噬细胞活力。有益微生物还可以发挥特异免疫功能,增强动物体内B细胞产生抗体的能力,从而防止疾病发生。

4. 监测和调节水质

水质好坏关系到养虾成败,是一项极其重要的工作,必须认真做好。具体抓好如下工作。

1)监测好水质状况

监测水质的主要内容有:水深、水温、盐度、水色、透明度、酸碱度、溶解氧、氨氮、亚硝酸盐等。目前在许多虾农中,存在盲目养虾状况,他们从来没有购买有关仪器设备,一切措施都是凭所谓经验,这是不科学的。科学技术就是第一生产力,这同样适用于养虾,特别是目前我国的养虾业,应该从传统的养殖方式向现代养殖方式转变,各种先进技术不断出现,更应该跟上时代的步伐。

监测水质的目的是为调节水质提供科学依据,可有效地提高调节水质的能力。

2)透明度和蓝藻

在监测水质过程中,最重要的是调好透明度。透明度最能直接反映水质状况。

透明度测定的方法是通过使用透明度盘。这往往不易买到,但可以自己制造,方法也很简单。只要是白色物体,固定在标有长度的竹竿上就可以使用。

测定透明度时，从水面慢慢沉入池底，直到看不见透明度盘时，此时深度就是透明度。

对透明度来说，不同的虾农，有不同的认识。笔者从长期实践中发现，透明度在50厘米左右最好，笔者最近看到一些国外资料报道也是如此。

养虾最怕蓝藻出现，出现蓝藻的最重要原因之一是水体富营养化，透明度过低。

蓝藻出现很难处理。笔者近5年来一直在土塘养殖南美白对虾，每年虾塘都会出现蓝藻。使用过许多药物，也不能解决问题。经过多年努力，终于找到最简单的处理方法，那就是换水。

换水是处理蓝藻的最好方法，因此，在选择土塘养虾时，建塘应选择在换水条件好的地方。

换水时，应逐步进行，每天适当换10厘米左右。若换水量过大，会使虾产生应激反应。

3）增氧

虾塘有充足的溶解氧是养虾成功的根本保证。虾塘有充足的溶解氧不仅是虾生长的必然需要，而且也是改良地质和水质的需要。

虾塘溶解氧应该保持5毫克/升以上，许多虾农养虾都没有购买测氧仪器测定溶解氧，这是极其错误的。

5. 中间毒塘

土塘精养南美白对虾时，往往是由于种种原因，池中存在野杂鱼，遇到这种情况，应及时采用中间毒塘技术把野杂鱼杀死。

杀野杂鱼的方式是使用茶籽饼（又称茶麸），浓度在5～8克/米^3。茶籽饼杀死野杂鱼的理论值是3克/米^3。由于种种原因，用3克/米^{3}往往达不到效果。笔者在长期实践中发现，上述浓度是正确的。当然由于茶籽饼的质量不同，应根据实际情况决定。

中间毒塘技术不能用于鱼虾混养的虾塘，这应特别注意，否则会把养殖鱼类杀死。

6. 防止灾害性天气

虾病发生往往出现在灾害性天气。台风、低压、暴雨、中雨天气等都属于灾害性天气。这些天气都会使水深、温度、盐度、溶解氧等发生重大变化。应经常收听天气预报，做好预防措施。为此，应做好如下工作。

1）及时开增氧机

及时开增氧机，保证池中有足够的溶解氧，是防止应激的重要措施。在广东珠江三角洲地区，每年4—5月是阴雨天，这时虾最容易发病，其重要原因之一，是不及时开增氧机。有的虾农认为，在白天有太阳，就不容易缺氧，这种观点是错误的。虾塘溶解氧含量与阳光有密切关系。在白天，有阴雨时，特别是长时间阴雨时，光合作用很弱，不容易产生更多的氧气，加上没有购买和使用测氧仪，往往产生误判，导致虾发病。

2）泼洒抗应激药物

有报道指出，在灾害性天气，虾消耗的维生素C是平时的2.5倍。在这个时候及时泼洒含有维生素C的药物，可以有效防止应激。

3）拌抗应激药物

在饲料中拌些乳酸菌等药物和发酵饲料，可以起到良好的防应激作用。

淡水养殖南美白对虾是大有前途的，只要树立养虾能致富的远大理想，肯学习，不怕苦就一定能成功。

九、防病治病

对虾养殖是高风险产业，其最大风险是虾容易发病，而一旦发病又不容易治愈，为此，养虾全过程必须认真做好预防发病工作，尽最大努力做到不发病，少发病或迟发病。一旦发病，应及时处理，把损失降到最低限度。

控制虾池中致病微生物存在水平是预防和控制传染病发生和流行的根本。环境微生物学将环境微生物分为致病和非致病两大类。而现在和将来不会有一种只杀死致病微生物而不伤害非致病微生物的方法和手段。也就是说，无论科学技术发展到什么水平，凡是有生物的地方，必须有微生物，也一定有致病微生物。况且在养虾过程中，水体中存在大量有益的非致病微生物，以保持整个养殖系统的生态平衡。因此，养虾池中存在致病微生物是正常的。只要控制水体中致病微生物存在水平，就可以防止虾病的发生。

防止虾病的发生最有效的方法，是用生态养殖方法，而不是靠消毒药物。

（一）虾病发生的原因

1. 虾体不健康

在一般情况下，健康对虾对病原的侵袭有一定的抵抗作用，对不良的水体环境有较强的适应能力，而体弱对虾的抗病力和对环境的适应力都明显降低。例如，对虾在蜕壳时最容易被病原侵染，对不良环境条件适应能力最差。因此，采取各种正确的方法，养殖强壮对虾，是预防虾病发生的重要保证。

2. 病原的传染

病原是指致病的生物，包括病毒、细菌、真菌、寄生虫和共栖的原生或者后生动物等。由病毒、细菌和真菌引起的虾病，统称为虾类微生物病或者虾类传染病。病原在养殖水体中并达到一定数量，同时又具备发病条件时才导致发病。

3. 水体环境恶化

每年的虾发病季节，往往是环境的突变季节，例如在广东珠江三角洲地区，每年的 4—5 月是虾病的多发季节。这个时期正是东北季风转为西南季风期，雨多，而且经常出现暴雨或者特大暴雨。可见，水环境变换对虾正常生长有很大影响。当然养殖的水环境被污染，也与虾病的发生有密切关系。水质一方面影响虾的体质和抗病力，另一方面又影响到病原的生长与繁殖。水质的理化因子和生物因子的好坏，例如溶解氧、氨氮、亚硝酸盐、硫化氢的含量、水深、水温、盐度、酸碱度、有机物和重金属的含量等，都会影响对虾的健康，甚至发病。

4. 饲料管理不当

我国的对虾养殖业经过30余年的历史，已总结出许多成功经验，也有许多成熟的技术，许多虾农都致富，但也有许多虾农连年失败，导致转产、转业、破产等，这其中原因之一，与管理不当有密切关系。

饲养管理不当会直接影响对虾的生长和发病，在广东曾发生过一起这样的事故，养虾老板本来是叫管理工人施用沸石粉改良水质和底质，而该工人不知听错或不懂，竟然施用漂白粉，结果全塘虾全部死亡。可见管理工作的好坏，直接影响到对虾养殖的成败。

饲养管理的因素很多，包括养虾全过程的每个细小环节，只要是某一环节管理失误，都可以导致虾发病或带来重大损失。例如不彻底清淤和晒塘，放带病或者劣质虾苗、放苗密度过大、投喂变质饲料、投饲料过量、水变质不及时处理、使用药物不当、卖虾不及时等，都可以引起对虾发病或带来重大损失。

（二）药物防治技术

1. 药物选择原则和用药注意事项

1）药物选择的原则

（1）有效性

从疗效方面考虑，首先要看药物对某种疾病的治疗效果，在治疗过程中，坚持高效、速效和长效的原则。

（2）安全性

从安全方面考虑，各种药物或多或少有一定的副作用。因此，在选择药物时，既要看到药物的治疗效果，也要考虑到药物可能引起的不良结果。药物安全性要考虑四个方面：药物对虾本身产生的副作用，对水域环境的污染，对人体健康的影响，符合绿色食品的要求，符合出口标准。

（3）方便性

对虾用量比较大，要考虑操作方便，容易掌握。

（4）廉价性

在保证疗效和安全的前提下，应选择廉价易得的药物。

（5）稳定性

在购买同类药物时，除上述原则外，还应该考虑稳定性，这是因为，有些药物企业生产的产品质量不稳定，在不同时期生产的商品不稳定，存在伪劣商品现象。

2）药物使用注意事项

（1）准确判断虾病，对症下药。

（2）了解药物性质，掌握使用方法。

（3）了解水质环境，合理准确释放药量。

（4）注意不同发育阶段用量的差异化。

（5）注意药物相互作用，避免配伍禁忌。

（6）防止滥用药物，注意不良反应和积聚中毒。

（7）认真观察施药后对虾动态，总结经验教训。

2. 用药方法

1）遍洒法

遍洒法又称全池泼洒法，是对虾养殖过程中最常用的方法。通常是在预防和治疗时使用，这对某些病原体有强大的杀灭作用，而对虾没有影响。

使用这种方法时应注意的是：准确测量计算好水体体积；所用药物应该用水完全溶解，尽可能多地加水稀释，降低浓度，以便达到均匀泼洒的目的。对光敏感的药物应在晚上进行；泼洒药物时，应在完全投完饲料后才泼洒；有增氧机的池塘，在泼洒完药物后应立即开机；清晨容易缺氧，故不要在清晨泼药；在使用药物时，务必详细阅读说明书，结合虾塘实际情况操作。

在用药时，有时两种药物同时使用，两种以上的药物混合使用可能会出现两种截然不同的结果：一是拮抗作用，使药物效果互相抵消而减弱药效；二是协同作用，使药物互相帮助而加强药的效果。因此，在使用两种药物时，必须掌握好两种药物之间的作用效果，以免发生药害（表 3–1）。

表3–1　常用虾药的混合方法

药名	高锰酸钾	硫酸铜	硫酸亚铁	敌百虫	碱性绿	生石灰	大蒜	大黄	氢氧化铵	醋酸	柠檬酸	食盐
漂白粉				×		×						√
食盐	√						√	√				
硫酸铜	√		√			×		√	√	√	√	
敌百虫		√	√			×						
福尔马林					√							
小苏打		×								×	×	√
面碱				√								

注：“√”表示可同时使用，“×”表示不可同时使用。

在这里要特别指出的是，敌百虫绝对不能和生石灰同时使用，因为当它们同时使用，会反应生成敌敌畏，毒性增强 100 倍。此外，漂白粉不能和生石灰同时使用。

2）口服法

口服法是将所需药物按照一定剂量均匀地加入饲料中制成适口的药物饲料投喂。

口服法是预防和治疗虾病最有效的措施之一。如果及时发现虾病，在虾仍摄食的情况下，投喂内服药物，可以取得立竿见影的效果。

近年来，用发酵饲料拌虾料投喂取得良好效果，例如，以乳酸菌为主的微生态活菌制剂具备与抗生素相似的促生长功效，但与抗生素作用原理完全不同。抗生素毫无选择地杀死微生物（无论有益菌还是有害菌），副作用大。而微生物活菌制剂则通过促进肠道有益菌的生长竞争性来抑制病原菌，进而激发动物本身的生长性能。因此，微生物活菌制剂具有无副作用、无残留、无抗药性和不污染环境、成本低等优势，是抗生素的理想替代品。

使用口服药时，应根据说明书介绍使用。

3. 治疗效果的判断

1）死亡情况

用药后 2 ~ 3 天死亡虾数量减少，表明药物有效果，如果用药 3 天后，死亡虾数量没有减少，反而增多，则表明药物无效。

2）摄食情况

如果用药后 2 ~ 3 天摄食情况稳定或者增加，表明药物有效。如果用药第 3 天摄食量不但没有增加，反而继续减少，表明药物无效。观察饲料摄食情况的方法时使用饲料台。

3）游泳情况

用药 2 ~ 3 天后，如果虾在池塘边或者池塘中间游泳数量减少，或停在池边的数量减少，表明药物有效，相反的，则无效。

4）死亡虾的颜色

在广东珠江三角洲地区，有一个观察虾死亡状况和虾死亡颜色的好方法。

这个方法是在靠近路边一侧的增氧机固定绳上，系上一个饲料台，这个饲料台距离增氧机中心约 2 米左右。当有虾发病开始死亡时，可以直接在这个饲料台中发现死虾。除了较准确计算死亡虾的数量外，也可以判断虾的死亡时间。例如，当虾死亡后 12 小时左右，体色发红，死亡时间越久，体色越深，而且肢体不全。而刚死亡或者死亡时间不长的虾，颜色是白色，个体完整。若连续比较，在饲料台上发现死亡的白色虾比前一天的少，表明药物有效，相反则无效。

4. 常用药物

1）毒塘（清塘）消毒药物

（1）茶籽饼

茶籽饼又称为茶籽粕和茶麸，是毒塘最好的药物之一。它是油茶籽榨油的副产品，其中含有 10% ~ 25% 的皂角碱，属溶血性毒素。其毒性随盐度升高而加强，随盐度降低而下降。其对鱼的毒性比对虾的毒性大 50 倍。茶籽饼杀灭鱼的有效最低浓度是 3 毫克 / 升。笔者在做茶籽饼对鱼类毒性试验时，也得到相同结果。

作用：杀死鱼类；有肥水作用；可改良水色和透明度，促进对虾蜕壳。

用法用量：毒塘时浓度为 30 毫克 / 升，使用时，用水溶解，再加水稀释，全池均匀泼洒，30 分钟后鱼和其他生物均出现异常现象，继而死亡。

注意事项：茶籽饼在晴天使用药效高，阴天药效低，因此，在毒塘时，在有条件的情况下，最好在晴天进行。有报道指出，在使用前浸泡 24 小时。而笔者在实践中体会，即配即用效果更好。有些虾农认为，茶籽饼有毒性，毒死鱼后，把池水排走，这是错误的。因为茶籽饼有肥水作用，可减少肥水物质，降低养殖成本。而其毒性只维持 7 天，7 天以后即失去毒性，对对虾没有影响。

（2）敌百虫

敌百虫属于有机磷脂类化合物，是高效、低毒及低残留的有效杀虫剂，白色结晶，易溶于水。

作用：可杀死虾塘中的虾蟹类，在常规浓度 0.2 ~ 0.4 毫克 / 升时，均会引起死亡。

用法用量；毒塘的浓度为 2 毫克 / 升。使用时，先用铁锤打松瓶内晶体（常为 400 克 / 瓶），然后倒在平铺在地上的饲料袋上面，再用铁锤将晶体敌百虫仔细锤碎，以方便溶解于水。若颗粒太大，不易溶于水。在使用时可与茶麸混合搅拌均匀后全池泼洒。

注意事项：使用敌百虫时，不得加入碱性物质，或使用碱水洗涤，防止形成毒性更大的敌敌畏。使用时戴胶手套，避免损害皮肤。不能与生石灰和漂白粉同时使用。

（3）生石灰

生石灰是白色固体，加水后生成氢氧化钙，呈碱性，能使水中 pH 升高。

作用：在使用时能释放出大量的热量，可杀灭鱼、鱼卵、虾蟹类、昆虫、致病细菌、病毒等，同时具有调节水质、改良底质的作用，并为虾的生长提供钙元素。生石灰能加速池水悬浮物的沉淀，提高池水透明度，使光合作用达到更深的水层。这样不仅提高了池塘光合作用的产氧总量，而且还能提高深水层的获氧量，从而有效抑制了深水层亚硝酸盐的产生量。

用法用量：使用的生石灰必须是新鲜生石灰。使用时倒在船上，加水化浆后趁热泼洒，不能搁置。用量为 375 毫克 / 升。

注意事项：碱性较高池塘不能用生石灰毒塘，因为使用生石灰会促进磷酸盐沉淀，降低有效磷的浓度，造成水体缺磷，抑制水生植物藻类的生长；下雨天不能使用；生石灰因潮湿而减弱杀菌效果，应该即购即用。生石灰化浆时产生大量热量，水会沸腾，应当注意安全以免受伤。另外，生石灰不能与敌百虫同时使用。

（4）漂白粉

漂白粉也称为含氯石灰，是次氯酸钙和氢氧化钙的混合物，呈灰白色固体状，有强烈氯臭，能部分溶于水。

作用：漂白粉遇水或二氧化碳时，能释放出次氯酸，有极强的杀菌消毒作用，也能把鱼、虾、蟹等敌害生物杀死。

用法用量：有效氯含量为32%时，用浓度为30毫克/升毒塘。用水稀释，全池均匀泼洒。在养殖时使用浓度为 1 毫克 / 升消毒，可杀死病菌、病毒，全池均匀泼洒。

注意事项：不能与生石灰同时使用。另外，漂白粉存在性能不稳定的特性，经销商也存在销售伪劣商品现象，在毒塘时最好不要使用，特别是虾塘有漏洞和渗漏情况时，千万不能用来毒塘。

2）底质、水质改良药物

（1）微生物制剂

微生物制剂在对虾养殖中的使用，是对虾养殖技术的重大突破，在改良底质和水质中起到良好作用，是对虾养殖必不可少的重要措施。

目前市场上销售的微生物制剂主要有芽孢杆菌、光合细菌、EM 菌、乳酸菌等。

作用：在改良底质和水质中，能分解碳系、氮系、磷系污染物，降低或消除氨氮、亚硝酸盐和硫化氢等有害物质。

用法用量：每种微生物制剂都有说明书。一般在使用光合细菌、EM 菌等液态微生物制剂时，浓度为 5 ~ 10 毫克 / 升；芽孢杆菌以干品包装，通常在第一次使用时，每亩用 1 千克，以后每隔 15 天使用一次。在使用时，选择晴天天气，在早上加水浸泡 4 ~ 5 小时，再加水稀释搅拌，全池泼洒。由于芽孢杆菌耗氧量大，必须开启增氧机，防止缺氧。

注意事项：

①浓度要足。微生物制剂的根本作用就是以菌抑菌的竞争抑制作用。只有当有益微生物在适宜的环境中形成优势种群后，才能有效抑制有害病菌的生长。

②定时使用。芽孢杆菌、光合细菌的繁殖周期很短，在几分钟内就能繁殖一代，代代相传，种质又不断退化，在一定时间内就失去应有的功能。为了保证微生物制剂在养虾过程中发挥作用，维持水质稳定和生态平衡，应定期使用微生物制剂。一般来说，从放虾苗开始，每隔 10 ~ 15 天使用一次，到养殖末期，污染物增多，用量应加大些，间隔时间缩短。

③交替使用。不同的微生物制剂有不同的功能，例如芽孢杆菌在改良底质过程中起到良好作用，而光合细菌和 EM 菌等在改良水质方面起到良好作用，两者交替使用，可起到标本兼治的作用。

④适时使用。微生物制剂由各种不同的有益微生物组成，各种微生物制剂需要一定的环境条件才能生长、繁殖，因此在使用微生物制剂时，应根据不同微生物制剂的生态特性来使用。例如光合细菌要在一定的光照、水温和水深的情况下才能在水中进行光合作用。因此，在阴天、雨天和夜里不能使用，而应在晴天使用。

⑤使用禁忌。抗生素、杀菌消毒剂、杀虫剂和具有抗菌效果的中药能杀死微生物细菌。因此在使用微生物制剂时，不能与上述药物同时使用。各种药物都有失效期，两种药物都要使用时，应根据药物特性，合理安排好间隔时间。

（2）沸石粉

沸石粉主要成分是无机矿物质，含硅酸 69.38%、氧化钙 1.31%、氧化镁 0.6%、三氧化二铝 11.02%，氧化钠 3.34%、氧化钾 3.17%、三氧化二铁 0.92%、五氧化二磷 0.04%，为白色粉末状。

作用：可有效吸附水中氨氮、减少氨氮对亚硝酸盐的抑制，使亚硝酸盐顺利转化，从而减少水体中亚硝酸盐浓度，增加氧气。

用法用量：一般每亩用 20 ~ 25 千克，每隔 15 天左右使用一次。在大雨和暴雨天气时使用，可防止对虾产生应激综合征，起防病作用。

注意事项：使用时必须干撒，不能加水溶解后再泼洒，因为加水后，氧气溢出，效果降低。

（3）池底净

池底净主要成分是活性氧、钙、微量元素和吸附剂等。具有净水、增氧、补钙和抑菌多重功效。为白色粉末状。

作用：氧化分解池底有机物、消除池内的氨氮、硫化氢、亚硝酸盐等有毒有害物质，净化水质和底质，改良养殖生态环境。

用法用量：直接全池均匀泼洒，或用适量细沙混合均匀后再泼洒。每亩每米水深用 0.5 ~ 1 千克。

（4）粒粒氧

粒粒氧是增氧良药，对虾因缺氧而浮头，能起到立竿见影的效果。它呈白色颗粒状，能迅速沉降到池底，迅速提高虾塘底部的溶解氧含量，起效快，维持时间长。

主要成分：过碳酸钠、稳定剂、增效剂等。

作用：能迅速增加水体溶解氧含量，能长时间维持水中的高溶解氧，有效救活正处于浮头状态的对虾，可预防因缺氧而浮头。改善水质，吸附和降解水体中有害物质，降低氨氮、硫化氢和亚硝酸盐的毒性。

用法用量：预防缺氧泛塘用量每亩每米水深 50 ~ 100 克，全池均匀泼洒。缺氧急救用量每亩每米水深 100 ~ 250 克，并集中投放至池塘中缺氧区域。养殖密度高时，可适当增加用量。

注意事项：养殖全过程都应该备用，预防停电或机器损坏时使用。

3）杀菌消毒药物

（1）溴氯海因

溴氯海因是白色或淡黄色粉末，有微氯臭，性状稳定，具有效溴氯含量达 92% 以上，微溶于水。

作用：是高效广谱杀菌消毒剂，其主要作用是与水反应产生次溴酸，可杀灭真菌、细菌、芽孢和病毒。主要用于养殖水体消毒，其消毒作用不受水质、pH 变化的影响。其杀菌能力为三氯异氰尿酸的 2 ~ 4 倍。

用法用量：以含有效溴氯的 25% 计算，浓度 0.2 ~ 0.6 毫克 / 升，加水溶解稀释后全池泼洒。可根据病情酌情连续用 2 ~ 3 次，每天或隔天使用 1 次。

注意事项：保存于阴凉干燥处，容器忌使用金属类，溶液应随用随配。本品安全浓度较高，一般使用量为正常量的 2 ~ 3 倍也不会引起中毒反应。

（2）二溴海因

二溴海因为淡黄色粉末，有微氯臭，性状稳定，微溶于水，其有效溴含量达 95% 以上。

作用：同溴氯海因，其杀菌能力是三氯异氰尿酸的 4 倍。

用法用量：以含有效溴 20% 计，浓度为 0.1 ~ 0.6 毫克 / 升，溶于水，全池均匀泼洒。

（3）聚维酮碘

聚维酮碘又称络合碘，为黄棕色至红棕色无定型粉末，在水和乙醇中溶解，容易呈红棕色，原粉含有效碘为 9.0% ~ 12.0%。

作用：本品为广谱性消毒剂，可杀灭细菌、真菌和病毒。

用法用量：以有效碘含量为 2% 计，浓度为 0.1 ~ 0.3 毫克 / 升。用水溶解稀释后全池均匀泼洒。本品进行水体消毒外，还可以按饲料 0.1% ~ 0.3% 的含量，溶于水后，均匀喷洒在饲料上投喂，可起到治疗作用。

注意事项：密闭遮光，储存在阴凉干燥处。

（4）二氧化氯

二氧化氯主要是由二氧化氯（ClO_2）与活化物等组成的一种强效消毒剂，具有无色、无臭、无味等特性，其氧化能力一般较氯强 2.5 倍，杀菌力较氯酸钠强 5 倍以上，故其能迅速杀死细菌和病毒。其作用机制是释放出新生态氧和亚氯酸根离子（ClO_2^-），渗透至微生物内部，使蛋白质中氨基酸氧化分解，破坏微生物的酶系统，达到灭火的目的。由于它还能较快地脱去水中的色和味，故人们还经常用它作为防腐、保鲜和除臭剂。

二氧化氯受有机物的影响比较小，它与有机物环己烯或酚类的反应，在过量使用二氧化氯的情况下，可以生成次氯酸和苯醌化合物，是一种副作用比较小的消毒剂。

随着科学技术的发展，在二十余年前使用液态制剂较多，现在市场上销售的多为固态制剂，使用更方便。固态二氧化氯制剂，其灭杀能力更强，除能杀灭细菌、病毒外，还可以杀灭累枝虫、聚缩虫等。

使用方法和用量详见说明书。

注意事项：保存在阴凉避光处，容器忌用金属类。不可以与其他消毒剂同时使用，养殖水体消毒不宜在阳光下进行。

（5）高锰酸钾

高锰酸钾又叫灰锰氧、过锰酸钾、锰强灰，是碣石（二氧化锰）经过氧化制成的结晶，分子式为 $KMnO_4$。本品为细长菱形结晶颗粒，紫黑色，带蓝色的金属光泽。无臭味，遇易氧化的物质或某些有机物时，会发生强烈燃烧或爆炸。溶于水，在碱性或者微酸性水中会形成二氧化锰沉淀。

作用：为强氧化剂，通过氧化微生物体内活性基团而发挥杀菌作用。

用法用量：养虾过程中，预防虾病时，使用浓度为 0.5 ~ 1 毫克 / 升，溶于水后全池均匀泼洒。在虾发病时，使用浓度为 1 ~ 3 毫克 / 升。据报道，本品可杀死纤毛虫，使用浓度为 3 ~ 5 毫克 / 升。使用时，将池水大部分排走，留下小部分水，全池均匀泼洒，用药 4 小时后把水进满。

注意事项：本品有中度毒性，对虾有一定影响，不宜多次使用。存放在棕色玻璃瓶内，遮光保存。

4）内服药

（1）微生物制剂

近年来，随着微生物发酵工艺技术的发展，微生物发酵饲料在养虾过程逐渐被采用，并取得了良好效果。笔者近几年都在虾塘养虾，也是用微生物发酵饲料或用微生物制剂，例如用乳酸菌与虾料混合使用，效果都不错。

①微生物发酵饲料喂虾的作用机理

a. 生物屏障作用。虾在生长过程中，在肠道内的有益菌通过与有害菌竞争定植点位和夺取营养物质抑制和阻止有害菌在肠道黏膜的附着和繁殖。由于微生物之间存在相互作用，某一生态系统中存在的微生物会阻止新的有机体在这一部位入侵。因此，对于那些菌群形成迟缓的虾服用微生物发酵饲料至关重要。由于许多微生物只能在肠道内存活相当一段时间，必须连续服用活菌制剂才能维持某一微生物在肠道内的定植。

b. 化学屏障作用。通过有益微生物，例如乳酸菌类产生的有机酸（乳酸、丙酸、乙酸），使消化道内 pH 降低，抑制其他病原微生物生长。环境 pH 为 4 时，大肠杆菌和沙门氏菌不能增殖，起到维持肠道菌群平衡，促进生长作用。同时，消化道内的酸性环境促进矿物质元素钙、磷、铁和维生素 D 的吸收和利用。

c. 有益微生物可产生肽细菌素、酶及少量无机物，可抑制有害细菌的生长或阻止有害菌毒素在上皮细胞的黏附和侵入。例如乳酸菌和链球菌产生的乳酸链球菌肽能抑制沙门氏菌、肉毒梭菌、李斯特氏菌和大肠杆菌的生长；嗜乳酸菌和保加利亚乳杆菌可以产生少量过氧化氢，抑制革兰氏阴性病原菌的生长。乳酸杆菌和双歧杆菌产生的胞外糖苷酶可以阻止细菌毒素的入侵。

d. 营养作用。微生物发酵饲料中的有益微生物本身即为一种蛋白质，同时在动物肠道内代谢，可产生多种有助于动物营养消化的有益因子，促进虾的发育和增重。例如芽孢杆菌能分泌多种消化蛋白酶、淀粉酶、脂肪酶等，促进营养物质的消化和吸收；酵母菌还可以促进植酸酶的产生，提高虾对磷的利用率。

e. 防止有害物质的产生。微生物发酵饲料促进营养物质的消化吸收，减少氨和其他腐败物质的产生，可减少内容物、粪便、门静脉中氨的含量以及肠道内甲酚、吲哚、3- 甲基吲哚等腐败物质的含量，减少粪便的臭味，净化环境。

f. 提高机体的免疫力。微生物发酵饲料中的有益菌可以作为一种非特异性免疫调节因子，通过细菌本身或细胞壁成分刺激并激发宿主免疫细胞，促进吞噬细胞活力。有益微生物还可以发挥特异性免疫功能，增强幼体内 B 细胞产生抗体的能力，从而防止疾病的发生。

②作用

微生物制剂中的菌群与寄生动物之间存在许多相互作用。在正常情况下，这个复杂系统内部的不同菌之间保存着生态平衡，他们既起着各种营养生理作用，同时还抑制病菌的繁殖，防御感染。当寄生动物受不良环境影响产生应激作用时，动物肠胃内微生物菌群就发生变化。而当应激超过其生理范围时，消化道内菌群就失调，微生态平衡被打破，进而出现病理状态。微生物制剂不仅能维持消化道的微生物生态平衡，加强肠道良性微生物的屏障功能，而且可以加强消化功能，提高免疫机能和饲料转化率，从而可直接促进水产动物的生长。此外，对虾摄食微生物制剂后，排出的粪便有微生物代谢产物，起到净化水质，改良底质，降低氨氮、亚硝酸盐和硫化氢等有毒物质含量的作用。

用法用量：微生物制剂有许多品种，应根据产品说明书参考使用。

注意事项：不能与抗菌、消毒、杀菌类药物同时使用，一般相隔 3 ～ 5 天后较好。

（2）维生素 C

维生素 C 又称抗坏血酸，本品为白色结晶粉末，无臭味，味酸，久置色变黄，易溶于水，微溶于乙醇，不溶于氯仿和乙醚。

作用：可防治组胺、氨分子及亚硝基态氮的急性或慢性中毒，加强伤口愈合，预防鱼类畸形。维生素 C 是最有效的抗应激药物之一，抗应激的原理是肾上腺中的维生素C参与肾上腺皮质激素的分泌。如果营养不良，肾上腺中的维生素C含量减少，会导致生理应激。因此，在应激期中对维生素C的需求剧增，为了提高对应激的抵抗力，减少应激危害，最好的方法是在应激前，在饲料中添加正常量的2 ~ 2.5倍的维生素C。

用法用量：维生素C易溶于水，容易失效，使用时先溶于水，随后喷洒在配合饲料上，晾干后再喷洒一遍植物油或者鱼肝油。使饲料表面形成一层油膜，以保护饲料中的维生素C，用量为饲料的0.1% ~ 0.3%。连喂3 ~ 5天。

随着科学技术的不断进步，目前市场上有许多内服的新产品，可根据虾生长的需求选购内服药品。

（三）疾病的种类

1. 白斑综合征

1）病原

病原是一种具有囊膜的无色液体（亚辟杆状病毒），成团或分散于受侵害的细胞核或细胞质中。其侵害的组织广泛，包括皮肤上皮、消化系统上皮、淋巴器官、触角腺、造血组织、鳃、血淋巴细胞、肌肉纤维质细胞等，可称为全身性感染，受感染的虾死亡率极高。

2）症状

受感染的虾活力下降，在池边缓游或者伏卧、不摄食、空胃、游泳无力，反应迟钝，体色正常或微红，或变成红或暗褐色。病虾的头胸甲易剥开，腹部容易揭开而不连真皮。病虾甲壳上有白色圆点，以头胸甲处最为明显，严重者白色圆点连成白斑，布满头胸甲，且肉眼可见。在显微镜下观察呈重瓣的花朵状。大部分为第二触角折断，鳃发黄，肿胀，肝胰腺肿大，颜色变淡糜烂，可在几天内大批死亡。若水质环境稳定，营养全面，则可以在一个月内陆续死亡。此病有时候来势凶猛，水质一旦恶化，虾可全军覆没。

3）流行情况

主要传播途径为带病毒的食物、水中的病原粒子。可经鳃腔膜的微孔进入虾体，引起鳃及全身的病变。死亡的进程随着体长的增大而缩短，即大虾死亡要比小虾快得多。

环境条件是诱发白斑综合征发病的主要因素。水温在 20 ～ 26℃ 时发病猖獗，为急性暴发疾病，因此北方夏初、秋季，南方在水温较低的第一茬早期，第二茬末期易发此病。此外，天气闷热（南方遇到寒潮），连续阴天，暴雨，池中浮游单细胞藻类大量死亡，水体变清，池底质恶化均可诱发本病暴发。如果虾苗带病毒，随时可以诱发，特别是在环境突变时，虾病会随时暴发，并引起对虾大量死亡。

4）防治方法

（1）彻底清塘消毒。

（2）严格对种苗进行检测，杜绝病原从种苗带入。

（3）放养 SPF（无特定病原）或 SPR（抗特定病原）健康苗种，严格控制放苗密度。

（4）使用无污染的不带病的水源。

（5）保持虾池环境的稳定，定时施放有益微生物制剂。

（6）投喂优质高效的配合饲料。

（7）保持虾池有充足的溶解氧。

（8）加强巡塘，多观察，发现池水变色要及时调控，遇到流行病时，暂时封闭不换水。

（9）准确投喂。

（10）防止细菌、寄生虫等诱发性疾病，或采取相关药物防治。

从许多报道中发现，至今都没有找到能治好虾白斑综合征的报道，但笔者曾有过治疗好虾白斑综合征的经历，供读者参考。

1989 年，笔者在深圳市宝安区水产科学研究所进行斑节对虾养殖，养殖到 60 天左右，先后有两个塘发现白斑综合征，症状非常明显，体色发黄，白斑点在头胸甲处非常明显。食欲大减，由原来每天吃 60 千克饲料减少到每天 10 千克。情况非常危急，以为没有治疗希望，后来笔者大胆采用如下三种措施把虾病治好。

这三种措施是：一是使用水产科学研究所配置的“健宝”拌饲料，按说明书说明连续投喂5天。二是换水30%。三是换水后用二氧化氯消毒。一个星期后虾完全恢复正常，投料量也恢复到了每天60千克，最后获取成功。其重要原因是及时发现，及时处理，措施得当。

2. 红体病（又称桃拉综合征）

1）病原

红体病主要是由桃拉病毒感染引起。

2）症状

患病的虾体形消瘦，甲壳变软，红须，红尾，体色变暗，变红。镜检发现红色素细胞扩散变红，部分病虾甲壳和肌肉容易分离，消化道特别是胃不饱满，肠道发红而且肿胀。发病初期，大部分病虾在水面缓慢游动且靠边死亡，头胸甲出现明显的白色斑点。

3）流行情况

该病是南美白对虾特有的病毒性疾病，全国都有发生，该病发病迅速，死亡率高，一般发病十天左右，大部分对虾死亡，死亡率高达40% ~ 60%。发病的对虾规格在5 ~ 9厘米。养殖时间约为30 ~ 60天，环境巨变更容易发病。

4）预防

（1）彻底清淤，保持水质良好，合理控制放苗密度。

（2）定期泼洒溴氯海因，每亩每米水深200 ~ 250克，消毒后两天可放养。

（3）全池泼洒微生物制剂，每亩每米水深500 ~ 1 000克。

（4）经常按饲料的0.1% ~ 0.2%添加复合免疫多糖、维生素C。

5）治疗

（1）第一天，全池泼洒二溴海因，每亩每米水深250 ~ 300克，连泼两天，一天一次，16 : 00左右沿池边泼洒维生素C一次，其用量为每亩250克，第三天停药一天，第四天再全池泼洒“白浊红体宁”，每亩每米水深250 ~ 300克，第七天全池泼洒活力菌，每亩每米水深500 ~ 1 000克，保持池塘中有益微生物的优势种群。

（2）在外用药的同时，在每千克饲料中添加 2 克维生素 C，2 克复合免疫多糖，连喂 7 ～ 10 天为一疗程。

3. 红腿病

1）病原

红腿病病原主要是副溶血弧菌（*Vibrio parahaimalyicas*）和鳗弧菌（*V. anyuilarum*），还有溶藻弧菌（*V. alginolgticus*）。

2）症状

主要症状是附肢变红色，特别是游泳足最明显，头胸甲的鳃区呈淡蓝色组织。组织学观察，血淋巴变稀薄，血细胞变少，凝固缓慢或不凝固；鳃丝间断出现空泡；心脏组织中有血细胞聚集的炎症反应。血淋巴、肝胰脏、心脏、鳃丝等器官组织内均可看到细胞。

病虾一般在池塘边缓慢游动，有的在水中旋转活动，或上下垂直游动，停止吃食，不久即死亡。

3）流行情况

红腿病流行在全国沿海养殖区，发病率和死亡率高达 90% 以上。是对虾养成期除白斑症杆状病毒以外，危害最大的一种疾病，全年均可发生此病。

此病的流行与池底污染和水质恶化有密切关系。

一般外观症状即可以初诊，但对虾在环境条件不利时，例如密度太大，缺氧等，附肢也会暂时变红色，并且在条件改善后很快就可以恢复原状。因此，确诊必须在显微镜下检查到血淋巴中有细菌活动。取血时可取有外观症状的病虾，用镊子把头胸甲后缘与第一附肢的连接处刺破，再用细的橡皮头玻璃吸管插入围心腔中，吸取血液，滴到干净的载玻片上，盖上盖玻片就可以镜检。

4）防治方法

（1）预防措施

①彻底晒塘，清淤。

②放苗前做好毒塘工作，以便把池塘中的细菌、病毒杀死。

③做好培养基础饲料生物工作。

④定期使用底质改良剂和微生物制剂。

⑤准确投饲料，千万别过量投喂。

⑥保持虾塘有充足的溶解氧。

⑦实行混养。

（2）治疗方法

①改良水质和底质，使用底质改良剂和微生物制剂，使水质处于良好状态。

②用二溴海因消毒杀菌，浓度为 $0.3 \times 10^{-6} \sim 0.5 \times 10^{-6}$。

③用饲料量 1% ~ 3% 的大蒜捣碎，打成浆后加水拌料投喂，连喂 3 ~ 5 天。

④用含有微生物制剂的发酵饲料拌虾料投喂，发酵饲料是饲料的 1/4 左右，连喂 3 ~ 5 天。

4. 早期死亡综合征

1）病因和症状

许多专家认为，早期死亡综合征的病原是一株特异的副溶血性弧菌，这株细菌被一种称为噬菌体的病毒所感染，致使细菌释放出一种毒性很强的毒素。

该病发病时间一般在投苗后 5 ~ 30 天，重症 2 ~ 4 天后对虾大量死亡。患病的虾体色白浊并微红，病虾的肝胰腺变白但不萎缩。通常在池塘水面缓慢游动或趴伏在池塘岸边浅水处。病虾不摄食，空肠空胃，肠道色素点变大而稀疏，肠胃呈浅红色，可能是“藻毒素”引起的。发病十分迅速，死亡率、排塘率极高。

2）发病原因和环境因素的关系

对虾发病和池塘水质不稳定有关。如果水体中氨氮、亚硝酸盐、硫化氢超标、pH、盐度变化大，水温忽高忽低不稳定，使对虾体质下降，容易发生应激反应。严重者可引起对虾应激死亡。高密度养殖中，水质容易恶化，尤其是大量投喂后，残饵、粪便等会引起严重的水质污染，在厌氧菌的分解作用下，产生大量氨氮、硫化氢、甲烷等有毒物质。水质异常变化，有益藻类容易死亡，蓝藻等有害藻类暴发，产生大量有毒物质。当天气变化，例如暴雨、连绵阴雨或高温等，发生“倒藻”，池塘混浊，透明度下降，pH 发生变化。藻类死亡后，会分泌许多藻毒素，使对虾中毒。同时，水中致病菌大量滋生等不利因素，极易诱发南美白对虾大量死亡。

3）预防措施

（1）彻底清淤

底质污染是导致水质污染的最主要原因之一，凡每年养完虾后，利用冬季把塘晒好，彻底清淤。

（2）购买优质健康虾苗

是否买到优质虾苗是预防早期死亡综合征的最重要措施之一。要买到优质虾苗，除了虾苗场的配合外，购买虾苗时应亲自到虾苗场，和虾苗场有关人员打捞自己所购买的育苗池内的底层虾苗亲自查看。若购买若干个池的虾苗，每个虾苗池的虾苗都要亲自观察。如果发现有不正常虾苗，如颜色发白、发红，活动迟缓，甚至有死亡虾苗不能购买。有许多虾农在试苗时，都不是亲自到虾苗场，亲自捞该苗池底部虾苗查看，而是通过虾苗场送苗试水。这种方法若是遇到虾苗不正常，就不能及时准确观察到虾苗健康状况，导致放下的虾苗在短时间内就会发病。

（3）维持水体的生态平衡

虾苗是否发病，最根本原因都是水质恶化引起的。为此，在管理水质时，应采用各种方法和手段维持水体的生态平衡。

（4）准确投喂饲料

除了投喂优质饲料外，必须做好准确投喂饲料，所投饲料不能过量，幼虾还未开始摄食人工配合饲料时，不要过早投喂配合饲料，以免影响水质和底质。

（5）拌料

在开始投喂饲料后，应在饲料中拌一些增强体质、增强免疫力的添加剂。近年来有许多添加微生物制剂的发酵饲料，这种发酵饲料与饲料拌匀投喂效果很好。

保持池中有充足的溶解氧。

氧气直接影响到水质和底质，任何时候都应该使池塘中溶解氧在4毫克/升以上，最好在5毫克/升以上。

4）治疗措施

至今还没有最有效的药物，能及时把早期死亡综合征的虾病治好。而这个时期虾苗很小，摄食量很少，很难治愈，应努力做好预防工作。

5. 白便、肠炎症

1）主要症状

虾粪细长呈白色（如棉线），有黏性，浮在水面。大量聚集有恶臭散发。初始阶段对虾摄食正常，但随着虾病病情加重，出现吃饲料慢甚至不吃料或虾身瘦弱（壳肉分离），且伴随游塘及偷死（虾肠道发红或肠道有白色脓状物）。典型的肠道病理变化为黏膜下层细胞增生，上皮细胞脱落，增生并纤维化的细胞层整体脱落，且多次脱落，形成条状白便。

2）发病原因

（1）品种不良，体质欠佳

投放的虾苗品种不良，自身体质较差，肝胰脏的结构和功能不健全，或者养殖过程中滥用损害肝胰脏的抗生素和刺激性较大的药物，都会直接导致对虾发病。

（2）细菌感染

通过对病虾进行解剖、检测发现，其肝胰脏及肠道内的副溶血弧菌、哈维氏弧菌、溶藻弧菌以及创伤性弧菌等致病菌严重超标。大部分弧菌是兼性厌氧性的革兰氏阴性菌，可分布于池塘水体、池边或聚集于池塘底部，也可附着于水生动植物体表和体内、饲料以及残饵上。对虾感染后，弧菌可在其体内快速增殖从而致病。

（3）藻毒素中毒

养殖水体富营养化以及因气候突变或人为管理不当导致的“倒藻”，会引发藻毒素大量积累。藻毒素主要包括赤藻毒素和蓝藻毒素。前者对鱼虾的神经系统和呼吸系统产生毒害和抑制作用，造成对虾死亡；后者会随着蓝藻细胞的衰老、死亡和破裂释放到水中，被对虾摄食后会破坏肝细胞结构且残留在肠胃中，导致肝胰脏和肠胃的病变。

（4）水质和底质的恶化

良好且稳定的池塘水质是南美白对虾养殖成功的基础。随着养殖时间的推移，饲料残饵、排泄物、死藻等有机物积累以及频繁使用化学药物消毒、絮凝剂改底等因素会导致水质不稳定，底质发热、发臭、缺氧，氨氮和亚硝酸盐等有害物质超标，致病菌滋生甚至暴发。如果不及时调节水质和改良底质，对虾长期处于恶劣的环境中，肝胰脏负担加重，肠胃功能紊乱，很容易产生白便，且出现黑鳃、烂鳃、红须、断须、白浊等症状。

3）防治技术

（1）预防

①保持水质清新，该杀藻类时应及时杀灭，不要等到蓝藻成为优势种群时再处理，提高水体稳定性。

②投喂优质饲料。劣质饲料、变质饲料不能投喂，避免对虾摄食劣质和变质饲料而患肠炎。

③定期使用解毒抗应激的生物制剂。

④拌料。现在有许多写有微生物制剂的发酵饲料，经笔者近年使用，效果很好。按照说明书的使用方法，将活性酵素与饲料拌匀投喂。

（2）治疗

①轻度白便肠炎：虾粪细长或拖便，或出现较少量白便（几根），在吃料比较正常的情况下，可通过内服空肠白便灵 10 克 / 千克饲料，每天两餐，连喂 3 ～ 5 天即可控制空胃白便现象。

②中重度白便肠炎：虾吃料很慢，白便很多，甚至全塘遍布，有些伴随偷死。可采用方法有：外用，早上用光合细菌 5 ～ 7.5 千克 / 亩，每 3 ～ 5 天一次，晚上用过氧化钙 2 ～ 2.5 千克 / 亩，每 2 ～ 3 天一次。内服，每千克饲料中添加三黄散 10 ～ 16 克 + 氧氟沙星（原料）1 克 + 小苏打 20 克，每天两餐，连用 3 天，能见效，喂至 5 天白便现象可基本停止。

6. 烂鳃病

1）病原

主要病原是弧菌，也有伴生菌，如假单胞菌属（*Pseudomonas*）和气单胞菌属（*Aeromonas*）。

2）症状

主要症状是鳃丝腐烂。一般是鳃丝梢端先变性，然后扩大并溃烂。溃烂坏死的部分发生皱缩或脱落。鳃丝为深褐色甚至黑色。镜检溃烂处有大量的细菌游动，严重者血淋巴中也有细菌。病虾浮于水面，游动迟缓，反应迟钝，因呼吸困难而死亡。

此病通常在底质污染严重的虾塘最容易发生，但如果发现及时，防治及时是可以治好的。

3）防治方法

（1）预防措施

预防措施是改良底质环境。养殖全过程，经常使用底质改良剂和微生物制剂，可防止底质污染，可预防此病的发生。

（2）治疗措施

①换水。烂鳃病是由于底质污染而导致水质恶化。适当换水，可使病情得到控制。

②使用微生物制剂改良水质和底质。

③用大蒜捣碎，打成浆状，拌料投喂，可收到良好效果。用量为饲料的 1% ~ 2%。

7. 软壳病

1）症状

病虾甲壳变软变白，壳与肌肉似乎分离，有的病虾在壳下有积水，有的壳粗糙。病虾比同池的健康虾小约 1 ~ 2 厘米。病虾体弱，不活泼，易被同类虾吞食。

诊断方法，主要靠手的感觉，轻捏虾甲壳，有软薄感，并有甲壳与肌肉分离的感觉。

2）病因

（1）长期投料不足，使对虾呈饥饿状态。

（2）饲料营养成分不均衡，钙磷的比例不当。

（3）投低质、劣质或变质饲料。

（4）池水中的溶解磷含量下降，对虾摄食量不足，而磷是虾甲壳形成和钙化过程的主要元素。

（5）养殖密度过大。

（6）水质恶化，影响虾的正常发育。

（7）水中含有机锡或有机磷杀虫剂，杀虫剂可抑制对虾甲壳中几丁质的合成。

（8）用药不当，使水质突变，使对虾产生应激反应，发生异常蜕壳现象，对虾在短时间内很难恢复到正常状态。

3）防治方法

（1）营造良好的养殖环境，保持良好的水质。

（2）改良底质。为了使底质不被污染或减少污染，应经常用沸石粉干撒，每亩用量是 20 千克。此外，应用微生物制剂和光合细菌，改良水质和底质。

（3）经常使用生石灰。生石灰可消毒，可以补充钙质。

（4）严格控制水中钙、磷比例，pH 控制在 7.8 ~ 8.6 之间最好。防止氨氮、亚硝酸盐超标，以保持良好水质。

（5）每周投喂 3 ~ 5 次蜕壳素，比例为饲料重量的 0.1% ~ 0.2%。复合维生素 E 和维生素 C 添加量为饲料重量的 0.1% ~ 0.2%。

（6）若出现虾病，每立方水体放 0.4 克的二溴海因全池泼洒。

（7）投喂营养均衡的优质人工配合饲料。

8. 痉挛病

1）病因

痉挛病多发生在高温季节。水温高、池水浅、虾受外界刺激、水质差、盐度过高、渗透压改变、生理机能失调、放养密度太大、缺氧等，都可以使虾发生痉挛病。

2）症状

此病最明显的特征，在晴天中午和下午，水温在34℃以上，起饲料台时，经常发现虾体弯曲、尾部向前弯，与头胸甲相贴。在高温季节用抛网捕虾时，也有类似现象。如果在高温季节捕虾出售，若水温仍在34℃以上，捕的虾也经常发生此病。

诊断时，从虾腹部弯曲僵硬的症状便可以确诊。

3）防治方法

此病只能防治，得病后会死亡。预防措施有：

（1）在高温季节，提高水位，防止水温突变。

（2）投喂营养成分均衡的优质饲料，以增强体质。特别要有适量的钙、磷、镁及B族维生素。

（3）高温季节，在水温为34℃以上时，不要捕虾。在高温季节，不用或尽量少用饲料台，避免此病发生。捕虾时，应安排在下半夜或清晨，尽可能安排在水温为34℃以下时捕虾。

9. 蓝藻中毒病

1）病因

蓝藻类中颤藻科的一些丝状藻类，例如钙化裂须藻、微鞘藻等含有内毒素，虾吞食这些藻类会中毒，幼体吞食这些藻后，在胃肠道黏膜上产生坏死性出血炎症反应，称为出血炎症。

2）症状

主要症状是血细胞肠炎。由于胃肠黏膜损伤，血细胞大量积聚在上皮组织中。胃及中肠肿胀，呈红色。有的病虾肝胰脏萎缩或坏死。病虾呆滞、厌食、腹肌浑浊，鳃及体表有附着物，生长缓慢。

此病为幼虾的早期和中期疾病，成虾少见。在浅水和透明度大的虾池，蓝藻容易繁殖，对虾很容易误食中毒。病虾的死亡率一般为30%。致死的原因可能是由于中肠的黏膜遭到破坏，使渗透压失去平衡并丧失了吸收营养的机能。但大多数的死亡是继发感染细菌发生败血症，死亡率达85%。

初诊要进行组织检查，看肠腔和中肠肠壁的各层组织中有无大量血细胞浸润，中肠和后肠上皮黏膜细胞有无发炎坏死。确诊还要镜检池水中蓝藻发生情况和肠道是否存在大量蓝藻。

3）防治方法

（1）预防方法

提高水位，控制水量水质，避免因池水太浅而大量滋生蓝藻。也可以通过施肥促进有益浮游藻类的繁殖，降低透明度，使底栖蓝藻得不到足够光照而自然消失。

（2）治疗方法

出血性肠炎病可用恩诺沙星治疗。用量为饲料的 1% ~ 2%。拌料投喂 3 ~ 5 天。

10. 固着类纤毛虫病

1）病因

病原为缘毛目、固着亚目中的一些种类。其身体结构大致相同，呈倒钟罩形。前端为口盘，口盘的边缘有纤毛，胞口在口盘顶面。体内有一个带状大核，大核旁边有一个球形小核；有一个伸缩泡，一般位于虫体前部。虫体后端有柄，以柄的基部附着在对虾的幼体外壳上。

固着类纤毛虫在对虾体上的种类很多，仅在黄渤海沿岸对虾体上就发现了 30 余种。其中常见的有 4 属，即钟虫斜科的钟虫属（*Vorticella*）、聚缩虫属（*Zoothamnium*）、单缩虫属（*Carchesium*）、累枝虫科的累枝虫属（*Epistylis*）。它们之间的区别是：聚缩虫群体的柄同时伸缩；单缩虫群体的柄不同时伸缩；钟形虫的柄呈螺旋簧状收缩；累枝虫的柄因无柄肌不会收缩。以上四属中，以聚缩虫对对虾苗的养成危害最大。

2）症状

此病是固着类纤毛虫（如聚缩虫、单缩虫、累枝虫和钟形虫等）附着在鳃丝、体表、附肢等引起。发病初期，对虾体表长有黄绿色或棕色纤毛状物，行动迟缓，对外来刺激反应慢，体表具黏液滑腻感，用显微镜观察可见到钟形虫、累枝虫和聚缩虫等纤毛虫类原生动物及有机碎屑、污物、丝状藻。发病中晚期，对虾周身有厚厚的附着物，鳃部挂有污泥且黏液增多，呼吸困难，鳃丝受损，体质下降，继发感染细菌或病毒病，导致对虾食欲减退，甚至不摄食，进而导致大批量死亡。

3）防治对策

（1）预防

①放养前清除泥底，彻底晒塘，使用生石灰杀灭池内病原菌和敌害生物。肥水后使用二氧化氯进行一次性消毒。

②选择优质虾苗和饲料。

③调节水质。纤毛虫的滋生是由于水中有机物含量超标引起，应进行适量换水，每月使用底质改良剂 1 ~ 2 次，适当开启增氧设备，充足的溶解氧对抑制病原生物的繁衍有积极作用。

④养殖期间密切监测对虾生长速度和蜕壳情况，尽可能做到早发现，早处理。

（2）治疗

在治疗对虾纤毛虫病时，应遵循“先调水后杀虫”的原则。当发现对虾患有纤毛虫病时，先进行水质调节而后再杀虫。纤毛虫病较轻时，进行适当换水以促进蜕壳即可。水质调节的目的，是降低水体中的有机物及微生物数量，以换水最为简单，也节省成本。水换好后使用二氧化氯进行一次全池消毒。次日使用“纤毛虫清”按 1 克 / 米^3 全池泼洒。如 4 天后纤毛虫未完全杀死，需再用药一次，并加用低剂量的富氯泼洒，效果显著。

11. 维生素 C 缺乏病

1）病因

此病又称黑死病、坏死病、抗坏血酸缺乏症，主要是在高密度的饲养条件下，长期投喂配合饲料，饲料中维生素 C 含量不足或水体中浮游生物量太少，透明度大而发生此病。由于配合饲料中添加的维生素 C 极不稳定，加工过程中绝大部分被破坏，饲料下水后又受损失，致使维生素 C 的含量不能满足对虾的需求而引发此病。

维生素 C 能促进对虾的伤口愈合，促进蜕壳生长，有解毒作用，可增强对虾对疾病的抵抗力。维生素C在对虾体内不能合成，必须从食物中获得。

2）症状

主要症状是病虾的鳃、胃壁、肠壁及虾体各处甲壳表面的下层组织出现黑色斑块、虾体节和附肢接合关节处变黑。病虾通常厌食，腹部肌肉不透明。一般在后期继发性感染细菌性败血症。变黑的组织附近血细胞炎症。

人工配合饲料缺乏维生素C，以及养殖池中没有绿藻类生长，都可以使各种对虾的幼体患维生素C缺乏病。

根据虾体表症状可初步诊断，确诊时还应了解投喂的饲料情况，并做组织检查，特别是检查关节附肢的表皮、前肠和后肠壁，眼柄和鳃的情况。

3）防治方法

（1）做好虾池基础饲料的培养工作，特别是保持池中有适量的浮游植物量，使水透明度保持在40厘米左右。

（2）在人工配合饲料中，应加入维生素C，用量为饲料重量的0.2%～0.3%。这一方面可防止此病的发生和发展,另一方面可把较轻的虾病治愈。

用人工方法加入维生素C时，将维生素C溶解后，再均匀地喷入定量的颗粒饲料中，阴干半小时左右，再按1%的比例，喷洒植物油（豆油、花生油、菜籽油等）。如果没有植物油，可用水产鱼肝油代替，比例也是1%。喷洒植物油一方面在饲料表面可形成一层油膜，保护维生素C不溶于水，另一方面也可以补充饲料中的固醇类和不饱和脂肪酸的含量。

（四）防病措施

1. 彻底清淤

土塘养虾最大的困难，就是底质污染，土塘淤泥是造成底质污染的主要原因，而底质污染是导致水质恶化的主要原因，也是虾发病的主要原因。

笔者从事对虾养殖已有三十余年，先后应邀到天津、江苏、浙江、上海、广东、广西和海南等地讲授对虾养殖技术课，也到过上述地区的许多虾塘做技术交流，也接触到许多虾农。在上述活动中发现一个共同的难题，就是养殖的对虾容易发病。而一旦发病，又不容易治好，养虾风险极高。

凡从事对虾土塘养殖的虾农，一定会发现，新开发建成的虾塘，养虾成功率较高，而随着时间的推移，虾越来越容易发病，其根本原因是淤泥积聚所致。

凡养虾，虾的排泄物、残饵和生物尸体就不可避免地残留在虾池中，水位越来越浅。加上我国经济的飞速发展，大环境水质污染也越来越严重。笔者在广州南沙区养虾，时间达五年之久。经常在未放虾前，刚从大海进入虾塘的海水，就可测定含有亚硝酸盐，表明大环境的水质已被污染，这与工业污水和生活污水的排放有密切关系。

土塘要想养虾成功，首先要把虾塘的淤泥彻底清除。这项工作的重要性，犹如建筑一座大厦的基础工作。如果大厦的基础工作没有做好，最漂亮的上层建筑也会倒塌。

凡有条件的地区，都应努力把这项工作做好。例如在广东珠江三角洲地区，绝大多数虾塘都是硬底的，大型机器可进入虾塘作业。每年冬天的虾收完后，随即排干水晒塘。当虾塘晒到几乎发白时，钩机就可以开展工作。

钩机通常是沿着虾塘四周堤边挖一条深沟，沟深 1 米左右，沟宽也是 1 米左右。有的虾农为了省钱，仅挖一半。挖完沟后，池塘积水很容易流入沟内。随即进行晒塘。若天气好，晒 7 ~ 10 天，滩面便可变白。这时再安排推土机把虾塘表面一层 10 厘米左右的淤泥推到塘基固定，并将水沟填平，效果很好。有的地区不用推土机和挖泥机，而是用水枪冲洗，一边冲、一边用抽水机把冲出的淤泥抽到虾塘外，也能取得良好效果，不过这种方法工作量较大，也比较辛苦。

有的地区虾塘靠近大海，软泥特别厚，连人员在虾塘行走都不便。遇到这种情况，是无法用机械或人工把淤泥清除的。也可以用如下方法处理淤泥。

广东湛江市雷州地区在虾塘铺塑料布，用塑料布与底层软泥隔绝，养虾也取得成功。此方法可借鉴。

有些地区的虾塘底质是纯沙质。这些地区也很难清除淤物，只能靠暴晒。因为沙质在阳光照射下发热发烫,连人员赤脚走进虾塘也感到发烫。有些地区虾农，在沙质底虾塘用牛犁翻耕，也取得一定的效果。

2. 晒塘

晒塘也是土塘养虾必不可少的环节。有的虾农由于种种原因，不能用机械或人力彻底清淤时，必须安排好时间晒塘。

每年冬天，雨天较少，在广东地区，每年的 11 月至翌年 2 月都是晒塘最好季节。在不影响生产的前提下，都应该安排 1 个月的时间晒塘。

晒塘时首先安装好抽水机。每个塘都应根据虾塘渗漏特点，安装一台抽水机。例如，漏洞少、进水量少的虾塘，可安装小型抽水机，而漏洞多，漏洞严重的虾塘应安装大型抽水机。

每个塘在抽水时，应根据各塘的特点，安排好抽水机的开启工作，要使漏水量和抽水量相等，决不能使抽水机空转而烧坏抽水机。也不能由于不及时开机，而使水淹没已晒干的滩面。例如，当虾塘还未完全晒好时，刚晒干的虾塘又被水淹没，等于前些日子晒好的滩又被水浸，又要好几天才晒干，浪费人力物力。

晒塘要使滩面龟裂发白，这可杀死各种细菌和病毒，也可以改良底质。

3. 毒塘

毒塘是对虾养殖全过程一个极其重要、缺不可少的环节。它关系到对虾养殖成败、提高成活率、经济效益的高低。

一般的土塘养殖南美白对虾，池塘中很难避免有积水或池水，或清淤或晒塘不彻底。这些因素的存在，就不可避免地存在各种细菌、病毒和病原体，以及鱼、虾等野生敌害生物。这些生物若不彻底杀死，就会繁殖生长。例如，在华南地区广泛存在罗非鱼，罗非鱼进到池塘，不断生长，随后又繁殖后代，繁殖速度非常惊人。例如一个 10 亩虾塘，若遇到进水时破网，以及其他原因，罗非鱼进入塘内，在 2 ~ 4 个月内，迅速生长到

0.3 ~ 0.5 千克的个体，总产量达 1 000 ~ 2 000 千克不等。池塘存在这么多罗非鱼摄食饲料，增加耗氧量，对对虾生长极为不利，大大降低对虾成活率，也增加投饲料量，危害极大。此外，若毒塘不彻底，白虾也大量繁殖。白虾的存在，会拼命吃虾苗，大大降低成活率，它可以在很短时间内把刚放下的虾苗吃光。

毒塘时要做好如下工作：

在毒塘之前应进水 30 厘米左右，以刚淹没滩面为宜。这个水深，既可以达到毒塘目的，又可以节省人力财力。

现在珠江三角洲地区的一些虾农，毒塘是进满池水，养殖时水深即养殖最大深度，往往达 150 厘米以上。这个水深是 30 厘米水深的 5 倍，用药量也多 5 倍，导致费用大大增加。例如若用茶籽饼和敌百虫毒塘，茶籽饼的浓度是 30 克 / 米^3，若水深为 30 厘米时，用量为 30 克 / 米^3 × 666 米^2 × 0.3 米 ≈ 6 千克，若每千克茶籽饼为 4 元，则为 24 元 / 亩。若水深为 150 厘米时，则为 120 元。另外敌百虫费用也大大增加。

这种毒塘方法，除了费用大增外，对肥水也带来困难。例如，这种方法毒塘，会把池水所有生物杀死，包括浮游植物。池中没有浮游植物很难把水肥起来。

此外，进水时应做到用 80 ~ 100 目网纱过滤。近几年笔者在珠江三角洲地区土塘养虾，接触到许多虾农，发现他们所用的网纱达不到上述规格。而他们都到本地网纱店购买。网纱店卖出的网纱以假乱真。笔者为了方便，也打算到附近购买 100 目网纱。当笔者到网纱店买 100 目网纱时，店主拿出 100 目网纱查看时，却不是 100 目，而仅为 32 目。笔者当时就用尺和 10 倍放大镜观看。由于笔者懂得网纱目的计算方法，不会上当受骗。

凡虾农养虾，必须学会识别网纱目的方法：目是指一寸（2.54 厘米）距离的孔数。若买网纱，带尺、笔和 10 倍放大镜。在网纱上量出 2.54 厘米长的距离，然后用笔划出一条直线，然后沿着这条直线计数，计数结果，就是网纱目数。

用 32 目网纱进水，就不可避免地引进野杂鱼虾，其危害性极大。

敌百虫毒塘浓度 2 克 / 米^3，这是指晶体敌百虫。

毒塘可把茶籽饼与敌百虫混合加水溶解，全池泼洒。在这里要特别注意的是，敌百虫是塑料包装瓶，很硬，使用前，应先用重锤打碎瓶内敌百虫才能倒出来。敌百虫先倒在塑料袋上，再用锤打碎，才方便溶解。若是块状或粒状，放在水里都不容易在短时间内溶解，效果并不明显。

施药后 30 分钟左右，池中会出现浮游动物游动，继而出现鱼虾游动，过几个小时或更长时间会逐渐死亡。

4. 肥水

养虾成败的根本原因在于水质的好坏。养虾先养水已成广大虾农共识，养虾要成功必须保证水质良好，维持水体生态平衡。

肥水是维持水质良好和维持水质生态平衡的基础工作。肥水又称培养基础饵料生物，它是养殖过程中最重要、必不可少的一个环节。肥水工作做好了，为全程养虾成功创造良好条件，也是防止虾病发生的重要条件。

肥水具有基础饵生物繁殖快、培养方法简单、节约成本、效果显著等优点。肥水有以下好处。

1）防病

虾发病的原因很多，但最重要的还是水质恶化。虾塘的浮游生物是维持水体生态平衡的主力军。

肥水的最大特点之一，是通过肥水，改变了水色和透明度，增加氧气。

有报道指出，虾塘中的溶解氧有 90% 以上由虾塘中的浮游植物的光合作用产生。氧气不仅是虾呼吸的需要，也是维持对虾正常生理功能和健康生长的必需物质，也是改良水质和底质的必需物质。在溶解氧充足时，微生物可将一些代谢产物转化为危害很小或无害的物质。反之，当溶解氧含量低时，可引起物质氧化状态的变化，使其中氧化状态变为还原状态，产生氨氮、亚硝酸、硫化氢等有害物质，从而导致环境自身污染，引起虾中毒或削弱抵抗力。

经过肥水的虾塘改变了水色和透明度，培养的浮游植物净化水质，吸收水中氨氮、硫化氢等有害物质，减少有毒物质对虾的危害，为稳定水质起良好作用。

2）为幼虾提供优质饲料

经过肥水的虾塘存在大量的浮游生物，其中也包括浮游动物。这些浮游动物具有不饱和脂肪酸，是幼虾最优质饲料。其数量也十分惊人，笔者在土塘养殖对虾达十余年，近五年也连续在广州市南沙区养殖南美白对虾。每年在放虾苗后，均根据幼虾摄食情况，开始投喂饲料。如果水深为 1.5 米左右，透明度 30 ～ 50 厘米。每亩放南美白对虾 3 万尾左右。一般在放下虾苗后 25 ～ 30 天都不用投喂人工配合饲料。幼虾体长达 3 ～ 7 厘米，这正是摄食虾塘中浮游动物的结果。

判断幼虾开始摄食人工配合饲料的方法，是使用饲料台。如果是初次养虾，或没有经验的情况下，可用饲料台试验。例如从放苗后的第二天，在饲料台放下一汤匙 0 号配合饲料，12 小时或 24 小时后观察饲料台内饲料状况。如果饲料台内饲料未被虾吃光，把它倒掉（但不能倒在池塘内，以防止饲料污染水质），用相同方法继续试验，直到饲料台内饲料被虾吃光才停止试验。

在这里应指出的是，如果毒塘工作没有做好，池中存在野杂鱼虾，试验的饲料台内饲料会提前被吃光。遇到这种情况，应立即投喂饲料，并采取措施进行中间毒塘（指为精养对虾模式，若鱼虾混养，不能采用中间毒塘技术）。

另外，决定幼虾开始摄食人工配合饲料、并开始投饲料时间，与水色透明度有密切关系。一般来说，透明度越低，浮游动物数量越多，开始投饲料时间越延后。在传统的对虾养殖中，有些虾农存在今天放虾苗，当天或次日就开始投料现象，这是错误的。

3）遮蔽池底，避免大型藻类生长

养虾过程常常出现这种情况，就是当池水透明度大，可看到池底时，很容易生长轮叶黑藻。这是大型藻类，生长速度非常快，在很短时间长满池塘。而一旦长出，人工是无法捞光的。这是养殖事故。为此，在养虾过程中必须避免透明度过大。透明度过大，往往是换水频繁、水瘦引起。经过肥水的虾塘，若透明度在 10 ～ 50 厘米之间，是不会有轮叶黑藻生长的。

如果万一出现透明度过大，就必须立即施肥，施肥前，应先将池水排走 1/3 左右，再引进 1/3 池水，目的是补充藻种。因为透明度大的虾塘，藻类很少，很难肥水。

肥水的关键技术，是掌握肥水的黄金时间。肥水的最好时间在放虾苗前 20 天左右。这个时间应与当时放苗最适合的时间结合起来安排。

到了肥水时间，应首先了解天气预报情况。最好的天气是晴天。但在许多地区的放苗季节往往是多雨天气。阴天和雨天不能肥水。但这时已到肥水时间，又没有出现晴天天气，在这种情况下，安排在多云天气也可以。多云天气往往出现有阳光的时候。在这种情况下肥水虽然没有晴天好，但在赶养殖季节的情况下，只能选择多云天气。

在决定放苗时间后，要安排好毒塘时间。肥水的黄金时间是在毒塘后 48 小时左右。这个时候进到塘内的水含有浮游植物最多，而浮游动物最少，也最小。施肥后，藻类吸收肥水物质后，进行光合作用，大量繁殖，在 4 ~ 8 小时后，池塘的水会变棕色或绿色，透明度也明显降低，到次日达到理想的水色和透明度。

在这里应指出的是，毒塘的方法一定要正确。具体地说，毒塘的水深应在 30 厘米左右，即以刚淹没滩面最好，这个水深既可以达到毒塘的目的，也可以节省成本。

笔者在长期与不同地区虾农的接触中发现，有许多虾农毒塘的方法是不对的。例如有些地区的虾农认为，为了使池塘中没有野杂鱼等敌害生物，用养殖的最高水位毒塘。这种方法当然可把池中敌害生物杀死，但有两个副作用：一是加大毒塘成本；二是给肥水带来困难，因为毒塘时已把池中所有生物杀死，其中就包括浮游植物（藻类）。这时施肥很难把水肥好，因为池中没有藻种。

肥水物质以能完全溶解于水为最佳。随着科技的进步，市面上有许多肥水产品，其中包括藻类营养露等，如果没有，尿素和过磷酸钙也可以。有些地区习惯用米糠、花生麸肥水，效果不好，也容易污染水质。有些地区用鸡粪之类有机肥，使用这种方法，应经过发酵和过滤，预防污染底质和水质。

5. 做好水质的监测工作

水质的好坏关系到对虾养殖成败。而对虾养殖要成功，必须是水质良好。养殖全过程保持水质良好，必须用科学方法，准确而且及时掌握水质各要素，为此，必须每天或隔几天测定水质状况，为水质调节提供科学依据。

1）水深

水深对保持水质良好与稳定，起重要作用。过深和过浅都会影响水质。从许多报道中得知，水深在几十厘米至 3.5 米都曾养殖成功，笔者认为，水深在 1.5 ～ 2 米较好。这是因为，在 1 米以下水深时，水质变化较大，特别在华南地区，最高水温（表层）达 36℃以上，而对虾最适水温为 23 ～ 32℃。较高水深对虾的生长不利。相反，在水深为 1.5 ～ 2 米时，即使最高水温，底层仍在 32℃左右，不会影响对虾生长。

2）水温

监测水温的目的在于掌握，而不能改变。监测水温在对虾养殖过程中有重大作用，对虾是变温动物，它的生长与水温有密切关系，在适宜养殖温度下，尽可以掌握水温的变化规律，安排好生产，可产生良好的经济效果。例如，在每年冬天，在我国不同地区气温差异很大。根据本地区气温特点，安排好放苗时间，可产生良好的经济效益。以广东珠江三角洲为例，在养殖第二茬虾时，应在每年 8 月中旬前放完南美白对虾苗，这样可以有足够时间养殖，使虾达到上市规格。若错过这个时间放苗，时间向后推迟时，应降低放苗密度，让虾在短时间内达到上市规格。而在春天的放苗季节，在适宜放苗时间，应及时放苗，不要浪费养殖时间，影响经济效益。

在监测水温时，应要特别注意特殊天气，尽力避免特殊天气对养殖带来的影响。例如，在广东珠江三角洲地区十余年间，就曾出现过过早放苗虾被冻死和 11 月虾被冻死的现象，应特别注意。随着科技的进步，可以收到实时天气预报，特别是长期天气预报。这对安排生产很有利，应利用现代科技安排好生产活动。

3）盐度

南美白对虾生存盐度在 0 ～ 40 之间，最适生长盐度为 10 左右。掌握南美白对虾适盐范围，对安排生产很有好处。例如，许多地区处在江河口，盐度变化特别大，在珠江口沿岸有许多地区养殖南美白对虾。在这些地区养殖南美白对虾，应在 2 月进满池水，每年这个时候盐度最高，达 5 ～ 8 左右。若到了 3 月盐度明显下降，若遇上暴雨或大暴雨，盐度更低，到 5—8 月，几乎盐度为 0。掌握江河口的盐度变化规律，必须测定盐度，并做好记录，安排生产。

有些地区处在开放海区，盐度经常在 20 以上，这么高的盐度，对南美白对虾生长不理想。但这些地区从 3—8 月常下雨，甚至是暴雨或大暴雨，遇到这种情况，盐度立即降低，达到 10 以下，甚至更低，在这个时候应抓紧时间进水。

4）水色

水色反映藻相状况。养虾先养水，养水就是养护藻相。保持藻相平衡必从源头抓起，即在来虾苗之前，做好肥水工作。肥水就是做好基础藻类培养。经过肥水，改变水色和透明度。水色呈褐色、黄褐色、绿色、黄绿色最好，良好藻相表明池中浮游植物生长良好，经过光合作用产生氧气，能净化水质，清洁塘底。

5）透明度

透明度是反映水体质量状况，在良好水色的前提下，透明度可反映水体中浮游植物数量。透明度越小，藻类就越多。藻类多少与光合作用产生氧气密切相关。藻类越多光合作用产生氧气越多。但这并不能反映水体质量就越好。因为水体中藻类状况也有副作用，即在夜里藻类会耗氧。在用溶解氧测氧仪测定溶解氧含量时，若透明度低，产生氧气含量就越高，但在夜里耗氧量大，清晨测定溶解氧含量就低，这正是藻类过多而产生的副作用。因此，在控制透明度时应适度。

对于透明度的认识，不同学者有不同的看法。长时间以来，众学者和虾农认为，透明度在 30 ~ 40 厘米最好。但近年来有学者认为，透明度在 50 ~ 60 厘米最好。笔者对透明度的认识也有变化。近 5 年来笔者都在土塘养殖南美白对虾，都不间断地做养殖日志，从实践中发现，透明度为 50 ~ 60 厘米比 30 ~ 40 厘米更好，而低于 20 厘米副作用更大。

在这里要特别指出的是，透明度必须和水色结合起来，才能真正反映水体质量。例如，同样是透明度为 50 厘米左右的水体，虾塘中的水色是褐色，而虾塘外水沟中的水色为浅黄色，测得的溶解氧分别是：虾塘中的溶解氧为 9 毫克 / 升时，水沟中的仅为 5 毫克 / 升，可见水色是直接影响水体溶解氧含量的重要因素。

6）酸碱度（pH）

酸碱度可以作为池水好坏的综合指标。南美白对虾对 pH 的适应性很强：pH 为 7.6 ~ 9.6。在微碱性水中（pH 在 8.0 ~ 8.5）生长最好，而在酸性水中生长较差。当水体中的藻类大量繁殖时，由于光合作用，使水中的二氧化碳突然降低，失去缓冲力，使 pH 突然升高，池中有机物过多，使 pH 降低。

决定 pH 因素很多，但最主要的是水中游离二氧化碳和碳酸盐的平衡系统，以及水中有机质的含量和分解条件。二氧化碳和碳酸盐的平衡系统随水的酸碱度和二氧化碳的增减而变动。二氧化碳的增减又是由水中生物呼吸作用、有机质的氧化作用和植物光合作用的相对强弱决定。

7）溶解氧

虾塘溶解氧含量高低与养虾成败有密切关系。虾塘中的各种环境因子都直接或间接与溶解氧含量有关，其中与池塘中底质状况更为密切。当池塘中溶氧量高时，底质中的有机物进行氧化反应，有益物质越来越多；当池塘中溶氧量低时，底质中的有机物进行还原反应，池中有害物质越来越多。

溶解氧是对虾赖以生存的最基本条件，是反映水质状况的一个重要指标。良好水质溶解氧应在 4 毫克 / 升以上。虾塘中生物密度大，溶解氧含量变化也大。白天在有阳光时，单细胞藻类进行光合作用，使溶解氧含量达到饱和状态，有时达 10 毫克 / 升以上，但夜间则由于生物的呼吸作用，包括单细胞藻类，致使溶解氧含量大幅下降，在黎明时降至 1 毫克 / 升左右。当溶解氧继续下降时，对虾有可能出现浮头。

连续的阴雨天气、暴雨、大暴雨和台风等，对池塘的溶解氧含量影响很大。监测数据表明，阴雨前水体溶解氧为 6.01 毫克 / 升，连续的阴雨天后溶解氧含量为 2.28 毫克 / 升，下降了 3.63 毫克 / 升，溶解氧饱和度由 74.57% 下降到 28.87%。由此可见，阴雨天等特殊气候对溶解氧含量影响极大，必须做好增氧工作。

8）氨氮

氨氮是反映池塘水质好坏的重要指标之一。正常氨氮含量应在 0.6 毫克 / 升以下。

虾塘中的氮一般以硝酸氮、亚硝酸氮和氨氮多种形式存在。它们在水中可以相互转化。氨氮有离子态氮（NH_4^+-N）和非离子态氮（NH_3-N），养虾中说的氨氮是指非离子态氮所言。它是一种有害的因子，属非极性化合物，它有相当高的脂溶性，容易穿过细胞膜，含量高时能产生严重的毒害作用，故称为毒氨。

虾塘中的氨氮来源主要有两个方面：①虾塘中虾及其他生物的排泄物、残饵和生物尸体会产生氨氮；②地下海水氨氮的含量较高，若使用地下水，氨氮也会升高。此外，放苗密度过大和缺氧时，氨氮也会升高。水温和 pH 升高，氨氮浓度也会增加。另外，当透明度升高，例如达 1 米以上，可看到池底，氨氮也会升高。

9）亚硝酸盐

池塘中的含氮有机物经腐败菌分解后形成的第一步无机物是氨。在没有氧气的情况下，氨是含氮有机物分解的最终产物。但在养殖水体中，NH_3 和 NH_4^+ 极不稳定，在物理化学及生物化学等因素作用下，会转变为氨的其他形式。

水体中含氧充足时，在亚硝化菌和硝化菌的作用下，NH_3 和 NH_4^+ 就会被氧化为 NO_2^- 及 NO_3^-，这一过程被称为硝化作用，其反应为：$2NH_3$ +

$3O_2 \xrightarrow{\text{亚硝化菌}} 2HNO_2 + 2H_2O$ 和 $2HNO_2 + O_2 \xrightarrow{\text{硝化菌}} 2HNO_3$，最终产生的硝酸根是含氮有机物分解的最终产物。

但如果水体中溶氧较低，硝化作用受阻，就会引起硝化作用的中间产物亚硝酸盐在水体内大量积蓄，这就是池塘亚硝酸盐的主要来源。

水中亚硝酸盐浓度过高时，通过鱼虾的吸收与体表渗透进入血液，使血红细胞中的亚铁血红蛋白被氧化成高铁血红蛋白。由于高铁血红蛋白不能与氧结合，从而使血液丧失载氧能力，使鱼虾对氧的吸收利用发生障碍，导致鱼虾发生病理变化。

亚硝酸盐在对虾养殖中的安全浓度有不同报道。在许多常规检测中，常以 0.1 毫克 / 升以下作为安全浓度使用。但也有报道，亚硝酸盐的安全浓度为 0.5×10^{-6} 以下。

6. 做好水质调节工作

1）蓝藻

（1）蓝藻的产生

①水体中的溶解性营养盐类大量存在且比例失衡。磷元素容易被底泥吸附。故磷是养殖水体中所有藻类的限制因素，蓝藻也不例外。相对其他藻类，蓝藻在磷源充足的水体中具有"疯长"的绝对优势。这是因为蓝藻属于一种原始的真核生物，具有固定氮源的功能，在繁殖过程中不需要氮源，只要有磷源就能快速繁殖，蓝藻在进化过程中为了适应环境变化，产生了一种能使自己漂浮的特殊器官——伪空泡，这种器官能使蓝藻漂浮在水体表层，从而使蓝藻较其他藻类具有优先利用光能的优势。而蓝藻一旦在养殖水体中形成优势，会大量漂浮在水体表层遮光并优先利用阳光，使其他藻类无法利用光能，无法繁殖，最后整个水体中只有蓝藻。

②蓝藻喜高温、静水、强光环境，如果虾塘中有蓝藻藻种，就会大量繁殖，形成优势种。

③养殖水体里蓝藻大量繁殖，与养殖户日常管理有很大关系。若池水中培养起绿藻、硅藻等优质藻类，蓝藻就不会大量繁殖，更不会大量暴发。但进水过程中，池塘内形成水流，池塘底部的一些虫卵被水流冲起而

到水层表层。这些虫卵在阳光照射下会很快孵化，纤毛虫、轮虫、枝角类、桡足类孵化后，在池塘里大量摄食小型藻类，如绿藻、硅藻、隐藻等，蓝藻个体比较大，这些虫体不能摄食，蓝藻就繁殖起来。

（2）蓝藻的危害

按照危害性的大小，大致可分为微囊藻、旋藻、项圈藻、颤藻。其中以微囊藻的危害性最大。在夏季的高温季节大量繁殖，在水表层形成一层厚厚的类似于漆状的物质。蓝藻一旦形成优势种群，温度越高，繁殖越快。由于蓝藻的过度繁殖，抑制了其他藻类的繁殖。死亡蓝藻个体分解也可以产生生物毒素，即蓝藻素。蓝藻素数量多时，可直接造成养殖动物中毒死亡，甚至危害人体健康。光合作用强烈引起水体 pH 急剧升高。pH 的上升又进一步使其繁殖，形成恶性循环。当蓝藻死亡后，发出一股难闻的腥臭味，消耗大量的氧气，同时分解产生大量的毒素，造成养殖动物食欲降低，免疫能力下降。由于大量蓝藻的外层都有一层胶被，不易消化，被鱼虾摄食后引起胃肠疾病，极大地增加患病的概率。

（3）防控措施

①换水。笔者近五年来在广东珠江口地区土塘养殖南美白对虾，对蓝藻防治方法有进一步认识。在 20 世纪进行养虾，很少出现蓝藻现象，但近几年几乎年年出现蓝藻，这与大环境的水体富营养化有密切关系。从预防措施分析，要做好水质的调节工作：首先要培养好良好水质和透明度，培养优良藻类。有了优良藻类形成优势种群后，蓝藻不容易发生。若出现蓝藻，最好的方法就是换水。换水时，应逐步进行，每天换 10 厘米左右，经过十余天的处理后，水质明显好转，蓝藻也逐步消失。

②定期使用芽孢杆菌等微生物制剂，改良水质和底质。一般 10 ~ 15 天使用一次，这时水体中绿藻、硅藻成为优势种群，既可以净化水质，又可以防止蓝藻的产生。

③在高温季节蓝藻暴发时，先泼洒醋酸，每亩每米水深 1 千克，这可降低水体中的碱性，再泼洒 EM 菌，连续 3 次，蓝藻消失，水体明亮，安全可靠。

2）水色和透明度

水色和透明度是反映水质好坏的重要指标。良好水色是褐色或黄褐色，主要组成是硅藻，这种水色最好。在虾塘晒得好的情况下，培养水色往往是褐色或黄褐色。此外，绿色或黄绿色也是好水色，主要组成是绿藻和硅藻。随着养殖时间的延长和不断投喂饲料，水色逐步变为绿色，透明度也逐步降低。

良好透明度是在水色良好的前提下，40 ~ 50 厘米最好，这是笔者在近年发现的现象，国外也有相同报道。

水色和透明度由于各种原因，变化很大，必须做到及时发现，及时处理。如果透明度超过 1 米以上，应及时施肥。施肥物质最好是营养露，其主要成分是氨基酸、多肽、多种有益菌。如果透明度低，例如在 20 厘米以下，应用生石灰或池底净等，生石灰浓度为每立方水体 10 克左右。池底净的主要成分是活性氧、钙、微量元素、吸附剂等。此外芽孢杆菌、光合细菌和乳酸菌等微生物制剂也可以降低透明度。

3）酸碱度（pH）

酸碱度是池水好坏的综合指标之一。pH 一般在 7.6 ~ 9.5 之间不会发生疾病。在微碱水中（pH 在 8.0 ~ 8.5）生活最好，而在酸性水中生活和生长都较差。当水体中的藻类大量繁殖时，由于光合作用，使水中的二氧化碳突然降低，失去缓冲力，可使 pH 突然升高。池中有机物过多，会使 pH 降低。

（1）高酸碱度调节方法

①pH 过高时，可用明矾调节降低。

②使用醋酸，用量为每亩每米水深 1 千克。

③有报道指出，茶籽饼也可以降低 pH。此外，也有报道指出，乳酸菌也可降低 pH。

（2）低酸碱度调节方法

①肥水。通过施肥，可增加池中的浮游植物含量，浮游植物越多，透明度越低，pH 会升高。

②施石灰。施石灰可提高 pH，但时间不能持久。

③换水。将池水排走部分，加入相同的新鲜水，再通过施肥，也可以使 pH 回升。

（3）溶解氧

溶解氧是对虾生存的物质基础。池塘几乎所有指标都与池塘溶解氧的含量有直接或间接关系，提高池塘溶解氧含量，是水质管理的关键，也是养虾成败的关键。

充足的溶解氧有如下作用：

①促进对虾新陈代谢与生长。虾塘溶解氧含量为 5 毫克 / 升最好。

②提高饲料利用率。虾塘溶解氧含量高时，利用率更高，生长速度更快。

③发挥改良底质和水质作用。池塘溶解氧含量高时，能有效降解池塘底层有机物，当池塘缺氧时，有害物质越来越多。

④防止疾病的发生。池塘溶解氧充足时，各项指标处于正常状态，达到水体生态平衡，虾在良好的环境中生长，不易发病。当池塘溶解氧缺乏时，各项指标超出正常范围，水质变坏，导致虾发病。

目前我国多年来的对虾养殖，有 80% 养殖户养虾失败，这与虾农盲目养虾有密切关系，至今许多虾农都不习惯使用测氧仪测定溶解氧含量，存在盲目开增氧机的状况。在该开增氧机增氧时又不开机，导致缺氧，在溶解氧充足时，可以关机，却不关机，浪费电力，增加开支。笔者在长期的对虾养殖实践中尝到了使用测氧仪的甜头，决定该开增氧机还是该关增氧机时，用测氧仪测定一下溶解氧含量，准确了解虾塘溶解氧状况，准确决定开关增氧机的时间，既保证虾塘有充足的溶解氧，又不浪费电力。

虾塘增加溶解氧有如下方法：

a. 培养好基础饵料生物

培养基础饵料生物主要是培养浮游植物和浮游动物。浮游植物的光合作用产生的氧气占池塘总含氧量的 90% 以上，是虾塘氧气的主要来源，是维持水体生态平衡的主力军。

b. 开增氧机

开增氧机是补充溶解氧的主要方法，这在夜里和阴雨天、暴雨、台风等恶劣天气有重大作用。

c. 施增氧剂

增氧剂可及时放出氧气，在虾因缺氧而浮头时起急救作用。

d. 施沸石粉

沸石粉可带进大量氧气。有报道指出，每千克沸石粉可带进空气 10 万毫升，相当于 2.1 万毫升氧气。它们均可以微气泡放出，增氧效果很好。虾若因刚缺氧而浮头，马上每亩投 20 千克沸石粉，浮头现象便会立刻消失。使用时务必是干撒，不能加任何液体混合撒，因为加入液体后，沸石粉内的氧气已溢出,失去增氧。笔者曾看到与光合细菌混合使用的报道，这种报道是错误的。

e. 抽水

如果虾塘因缺氧而浮头，而又没有增氧机等其他补充氧气的方法时，抽水机能起应急作用。抽水时应该在空中充入。

f. 换水

在没有其他良好方法增氧的情况下，换水也可以起到临时增氧作用。

4）亚硝酸盐、氨氮

（1）产生原因

亚硝酸盐氮是氨氮向硝酸盐氮转化的中间产物，其来源主要是养殖生物排泄物、代谢废物、残饵、生物尸体等有机物，经微生物降解和氧化分解、转化而来。随着养殖时间推移，池中有机物越来越多，所以氨氮总含量也越来越多。在水体溶解氧充足的情况下，转化成亚硝酸盐氮，亚硝酸盐氮存在的时间极短，在硝化细菌的作用下，迅速转化为硝酸盐氮。亚硝化细菌和硝化细菌都为好氧性细菌，在氧气不足或缺氧情况下，代谢作用受到抑制，由氨氮转化而来的亚硝酸盐氮就不能迅速转化成硝酸盐氮，而逐渐累积于池水中。与此同时，反硝化细菌（厌氧菌）代谢十分旺盛，将硝酸盐氮大量转化为亚硝酸盐氮，从而进一步提高了池水中的亚硝酸盐氮含量。因此,缺氧或溶氧不足是亚硝酸盐氮不断生成并累积的主要原因。氨氮和硝酸盐氮是亚硝酸盐氮大量形成的物质基础。

（2）危害性

一般情况下，亚硝酸盐在 0.05 毫克 / 升以下对水产动物无明显危害；当含量达到 0.1 ~ 0.2 毫克 / 升会导致虾、蟹、鱼等水产动物慢性中毒，肝脏逐渐变性坏死，水产动物抗病力下降而死亡；当含量在 0.2 ~ 0.3 毫克 / 升会导致水产动物呈现中毒症状，出现呼吸困难，抗病力差，很容易与其他疾病混合感染，导致大量死亡，其危害初期往往被养殖户所忽视；当含量在 0.3 ~ 0.6 毫克 / 升，会导致水产动物急性中毒，呼吸困难，全部浮游于水体表面，2 ~ 3 天后大量死亡。亚硝酸盐在 0.6 毫克 / 升以上，会导致水产动物 1 ~ 2 天死亡。

（3）防治方法

①清除池塘过多淤泥，充分暴晒池底。

②在施肥培水过程中控制有机肥含量。

③勤施微生物制剂。

④控制池水深度。

⑤池水应控制在 1.5 米左右。

⑥晴天中午多开增氧机。

⑦定期施入生石灰。

7. 加强底质的改良工作

1）改良底质的必要性

只要养虾，虾的排泄物、残存饲料和生物尸体是不可避免地沉积池底，而且随着养殖时间的延长，池中有机物的积累就越来越多，底质污染就越来越严重。这些沉积的有机物是水质恶化的重要原因，必须清除。放苗密度过大，也是底质污染的重要原因之一，因为池中排泄物与放苗密度密切相关。随着我国经济迅速发展，工业污水和生活污水也不可避免地污染底质。

2）底质污染的危害性

（1）导致缺氧

有报道指出，池塘中底质的耗氧率达 50% ~ 70%，是耗氧“大户”。池塘底泥越多，耗氧就越多。

（2）有毒物质增加

虾塘底质污染导致缺氧，有机物进行还原反应，有毒物质就越来越多，导致水质恶化。

（3）酸碱度降低

池塘中存在的有机物会发酵，产生各种有机酸和无机酸，使底质和水质酸化，导致 pH 下降。当 pH 下降到超出适应范围时，会影响对虾的呼吸，导致新陈代谢下降，生长发育受到影响，进而发病。

3）改良底质的方法

（1）使用微生物制剂

使用微生物制剂养虾是对虾养殖技术的重大突破，它对改良水质和底质起良好作用。

目前对虾养殖常用的微生物制剂有两种，一是液态的光合细菌、EM 菌和乳酸菌等，二是粉状的芽孢杆菌，其中芽孢杆菌在改良底质方面效果更好。

芽孢杆菌具有强大的生命力和旺盛的繁殖能力，能适应各种不良环境。这些细菌有好氧的、厌氧的、兼性厌氧的。它们能分泌各种胞外酶，把大分子有机物质，如淀粉、脂肪、蛋白质、核酸等分解成小分子有机物，再由细胞吸收利用，一部分合成细菌细胞物质，一部分通过生物氧化用于产生细菌生命活动所需的能量，使得有益细菌不断繁殖，同时把有机物硝化生成硝酸盐、磷酸盐、硫酸盐等无机盐。

有益细菌进入虾池以后，发挥其氧化、氮化、硝化、反硝化、硫化、固氮等作用，把虾池中存在的虾的排泄物、残存饲料、生物尸体等有机物迅速分解为二氧化碳、硝酸盐、磷酸盐、硫酸盐等，为单细胞藻类提供营养，促进单细胞藻类的繁殖和生长。单细胞藻类的光合作用又为有机物的氧化分解、微生物的呼吸、虾的呼吸提供氧气，循此往复，构成一个良性的生态循环，使虾池的菌相和藻相达到平衡，维持稳定的水色和透明度，营造良好的水质环境。

（2）培养好基础饵料生物

底质改良需要充足的溶解氧，而溶解氧的主要来源是虾塘单细胞藻类的光合作用，培养好基础饵料生物可为虾塘提供充足的氧气，这为改良底质创造良好条件。

（3）增加氧气

通过开增氧机、施增氧剂等方法，增加氧气含量，也为改良底质创造良好条件。

（4）培养底栖生物

利用生物来修复池塘底质，减少有机物累积，增加底栖生物多样性，丰富饵料生物，增强对虾体质，减少和延缓对虾发病。据报道，在老化池中利用沙蚕等底栖生物改造底质，结果试验池比没有繁殖底栖生物的对照池增产 40.5% 以上。其原因是虾池中由于移殖了沙蚕等底栖生物，培养优质种群，可以大量摄食残饵、粪便以及其他有机碎屑，减缓了有机物质的积累，增加了底层水溶解氧，为对虾创造了优良生长环境。

（5）做好清淤和晒塘工作

放虾苗前，应利用冬天没有养虾的时间，安排好清淤和晒塘工作，为养殖期的底质改良工作创造良好条件。

（6）利用池底净等底质改良剂改良底质

池底净主要成分是活性氧、钙、微量元素和吸附剂等，具有净水、增氧、补钙、抑菌多重功能，最适合中后期的底质改良工作。

此外过硫酸氢钾、粒粒氧等也是底质改良的良好物质。

8. 购买优质虾苗

许多虾农在长期实践中，把养虾成功经验总结为三句话：虾塘不好不进水，水不好不放苗，苗不好不养殖。这三句话仍不能全面总结养虾成功经验，但从一个侧面反映出虾苗在对虾养殖中的重要性。

虾苗是对虾养殖的基础，没有保质保量的虾苗既不能保证养虾成功，也不能达到最好的经济效益，为此应把购虾苗全过程的各环节工作做好。

1）亲自购苗

有许多地区的许多虾农养虾，都习惯于叫虾苗场送苗到虾塘，或通过中间商购苗。这两种方法都是错误的。其最大的危害性是不能准确地掌握虾苗质量。笔者从事对虾养殖有几十年历史，深深体会到亲自购苗的好处和不亲自购苗的坏处。

例如，虾苗场育的虾苗难免出现发病或不健康虾苗。如果是亲自到虾苗场购买虾苗，可以亲自叫虾苗场有关人员，捞池中最底层虾苗查看。如果发现捞上来的虾苗有异常现象，例如有白色、红色，甚至是有死亡个体，表明这池苗已经开始发病，但不是大量死亡。而这个时候虾苗场若有不纯动机出售，而虾农又不善于鉴别虾苗质量，虽然放到虾塘的虾苗不一定会立即死亡，但却大大影响成活率，影响经济效益。

2）淡化

不同地区的环境不同，盐度也不完全相同，出售的虾苗盐度也不同。虾农在购买虾苗时，应先测定虾塘盐度，然后告诉虾苗场。虾苗场根据虾农要求进行淡化。因为虾苗场在育苗时，都是在高盐水体中育苗。虾苗场根据要求，逐步进行淡化，以达到与虾塘相同或相近的盐度。

3）计数

购买虾苗亲自到虾苗场购买，亲自计数是买虾苗必不可少的环节。有些地区的虾农怕麻烦，不进行计数，让虾苗场讲多少是多少。更有甚者以估数为准。以估数决定虾苗数量，注定是虾农亏，因为虾苗场在长期实践中已掌握实际数量，而在双方估数时，肯定在开价初期开得很高，随后逐渐降低。而虾农开始时开价也很低，双方在多次协商后成交，其结果虾农吃亏。为此，希望虾农买虾苗一定计数。

计数时，通常是虾苗场安排一人计数，一人记录。虾农必须安排两人以上，监督计数和监督记录。有信誉的虾苗场都是如实计数和记录。最终计算出结果。

4）运输

尽可能缩短运虾苗时间，是提高虾苗质量和成活率的重要保证。

南美白对虾苗在饥饿时互相残杀现象非常严重。笔者曾对南美白对虾苗做过这样的观测实验：用一个包装虾苗的塑料袋装上约 500 尾全长为 0.8 ~ 1 厘米的虾苗，室内水温为 26℃左右，经过 24 天的观测，仅存 80 余尾，平均每天少 18 尾左右，存下的虾苗明显增大，都是大个体咬住小个体的尾巴。为此，在运输虾苗过程中，尽可能缩短运输时间。现在许多内地省市也养殖南美白对虾。虾苗往往从沿海购买，用空运方法运输，时间较长，为此，应在买虾苗时有目的地多买些虾苗，以保证养殖数量。

5）试苗

试苗是指在放虾前，到虾苗场取些虾苗放在养殖池试养，观测其生长状况。试苗有两个目的，一是测定养殖池水质状况是否适应虾苗生长，二是观测虾苗成活率。试苗成活率达 80% 以上可以放苗，当然若能达到 100% 最好。正常虾苗和水质，成活率都在 90% 以上。

试苗方法很多，但随着养殖技术的提高，市面上已有现成的试苗袋买。在广东珠江三角洲地区，试苗袋为直径 25 厘米、高 40 厘米左右的圆形筒网袋。网目为 40 目左右。在这个试苗袋放下 10 尾左右的虾苗，24 小时或 48 小时观察生长状况。观察结果若达到上述要求，可以放苗。

笔者在广东有些地区发现，在上述大小的试苗袋内放进 100 尾左右试验，这种方法是不对的。原因是密度太大，没有客观反映虾的生长状况。同时的放入的 100 尾苗，在观测时也麻烦，也很费时间。

有的地区用盆或桶观察，这种方法可以看到生长状况，但在测定成活率时也不方便。

有些地区的虾农距离虾苗场很远，从虾苗场取苗到虾塘观察也不现实。遇到这种情况，可在当地取些小鱼虾试养，以观察其生长状况，也可以判断水质状况。

6）放苗

放苗前应先在虾塘一角（交通方便一侧）用竹竿搭一个架，虾苗就放在架内，防止虾苗袋飘走，给放苗带来困难。

放苗时，先把虾苗袋放在架内浸 20 分钟左右，让虾苗袋水温与虾塘水温相同或接近。两者之间的水温不能超过2℃即可以放苗。

放苗时，先将塑料绳解开，提起袋角，虾苗即顺利倒进池塘中。若放入虾塘的虾苗立即潜入水中消失，表明放苗成功。如果进入池中的虾苗在水面游，表明虾苗或水质有问题。当然放苗时，应避开大雨或大暴雨。遇到这种情况，由于表层水淡，虾苗不适应，对放苗影响很大，应特别注意。

广东有些地区放苗采用小刀在虾苗袋底部划开放苗，这种方法不对。笔者曾到过广东两地看到这种放苗方法，并亲自拿放完苗的虾苗袋观察，发现在袋的塑料绳捆缚处有死虾，数量不等，表明这种方法不可取。

7）放苗时间

放苗时间应以最佳的养殖效果为原则。对于南美白对虾的适温范围有不同报道。例如，有报道指出："能在水温6 ~ 40℃的水域中存活，生存水温为15 ~ 38℃，最适生长水温为22 ~ 35℃。"也有报道指出："最适生长水温为23 ~ 32℃，生存水温为9 ~ 47℃，15℃停止摄食，8℃开始死亡。"

从理论上讲，当水温稳定在18℃以上时，可以放苗。笔者从长期的养殖中认为，水温稳定在22℃以上最好，因为低于这个温度放苗，虾苗虽然没有死亡，但由于不摄食或少摄食，基本上不生长，而风险依然存在。而在22℃以上放苗时，可应对特殊天气变化，留有余地，不至于影响虾生长。

在这里要特别指出的是，放苗时必须考虑到特殊天气。例如，2010年4月，是全国49年一遇的低温，全国平均气温为8.7℃。在广州4月15日也创下50年来同期最低气温，达10.8℃。那年有些早放苗的虾农虾苗被冻死。

何时放苗以天气预报为依据较安全。当天气预报的气温最低达22℃以上时，可以安排预定虾苗或购苗。

8）放苗密度

（1）精养虾塘

放养密度与养殖模式、养殖条件、养殖环境与管理水平密切相关。

养虾是高风险产业，总的原则是在尽可能取得成功的基础上，追求最好的经济效益。

精养虾塘，以水源为 1.5 米左右为例，每两亩左右配备一台增氧机的话，以每亩放 0.8 ~ 1 厘米左右的虾苗 4 万 ~ 5 万尾较好。若虾塘没有增氧机，每亩放 1 万尾左右虾苗较好。所放的虾苗必须是一代苗。笔者曾对一代苗、二代苗（又称杂交苗）和普通苗做过对比试验，一代苗经济效益最好。普通苗养到 200 尾 / 千克左右时，很难再长大，多加饲料都吃不完，发病率也较低。二代苗往往存在假苗，也不宜养殖。

（2）混养虾塘

①南美白对虾与鱼类混养

混养鱼类主要有罗非鱼、鲻鱼、河豚、黑鲷、黄鳍鲷、乌塘鳢、草鱼、鲩鱼等。

②与蟹混养

混养蟹类有锯缘青蟹和梭子蟹等。

③与贝类混养

混养贝类有海湾扇贝、缢蛏、杂色蛤、毛蚶、泥蛤和牡蛎等。此外也有混养海参和海藻等。

选择混养品种应与养殖环境相适应，在广东珠江三角洲地区常混养品种是鲩鱼和鳙鱼（大头）。通常是每亩放 0.5 千克左右鲩鱼 30 尾左右；0.5 千克左右大头 15 尾左右。

④放苗量

放苗量应根据实际情况决定鱼虾的数量。例如混养以虾为主，鱼为副时，在珠江三角洲地区一般每亩放南美白对虾苗 2.5 万 ~ 3 万；混养的鲩鱼 30 尾，鳙鱼 15 尾。

在混养鱼类时，务必了解不同鱼类的适盐特点。例如在珠江三角洲地区混养鲩鱼时，盐度不能超过 8。如果超过此值，鲩鱼会出血发病死亡。有些开放海区盐度往往在 20 以上，多数混养黄鳍鲷等。

9. 做好投饲料工作

1）不投开口料

近年笔者看到对虾养殖投开口料的报道，也听到虾农放虾苗后即投开口料，当然更有虾料厂生产开口料销售才能形成市场。笔者对此持反对态度。

对虾养殖投开口料是谁先提出，又是谁在推广，没有看到准确报道。从理论上分析，对虾养殖投开口料是错误的。因为投开口料是把粉状虾料溶解于水，全池泼洒，这不符合对虾摄食特征。因为虾摄食是靠步足摄入口中。溶于水的虾料，虾无法用颚足捕食。从实践上分析，放苗后即投开口料也是错误的。笔者从事对虾养殖三十余年，土塘养殖南美白对虾，放虾苗后相当长的时间内（一般 20 天左右）没有投任何虾料，虾也正常生长，会长达 3 ~ 5 厘米，表明土塘养虾，只要肥水这个环节工作做好了，虾塘会存在许多浮游动物。幼虾还是摄食这些浮游动物长大，这就是放虾前后很长时间不投开口料，虾也正常生长的根本原因。

2）做好放虾前后开始投饲料工作

准确判断投入虾塘的饲料是否被幼虾摄食，唯一正确的方法，就是用饲料台观察。如果在放虾苗后，虾塘的毒塘（又称清塘）工作做得好，在没有野杂鱼虾等敌害生物的情况下，而肥水工作又做得很好，在土塘放虾苗后的一段很长时间内虾是不会摄食人工配合饲料，这是因为，经过肥水（培养基础饵料生物）的虾塘，池中存在许多浮游动物。这些浮游动物具有不饱和脂肪酸，幼虾最喜欢吃这些浮游动物。

其次，放虾苗后何时开始投饲料，以幼虾开始摄食人工配合饲料时间为准。正确的方法是：放虾苗后从次日开始，在饲料台放下一汤匙左右的零号颗粒饲料，24 小时左右观察饲料台饲料状况。如果饲料台内饲料未被吃光，表明幼虾尚未开始摄食饲料，这时需要把饲料台内饲料倒掉（但不要倒到塘内，以免影响水质），用相同方法继续试验，直至幼虾把饲料台内饲料吃完才停止试验，并开始投喂饲料。

经过上述试验后，可以总结出幼虾开始摄食饲料的时间。

幼虾开始摄食饲料时间与肥水质量、放苗密度和成活率密切相关。在一般情况下，土塘水深为 1.5 米左右，透明度为 30 ~ 50 厘米，每亩放 3 万苗左右，放苗后 20 ~ 25 天开始投饲料，这是笔者多年在虾塘试验的结果。

3）增减饲料的方法

决定投饲料量的正确方法是以饲料台饲料摄食情况决定。但在传统投饲料方法中有许多误导。例如，有人认为，投饲料应以虾体重的比例投，有的饲料厂在饲料包装袋上标明多少体长投多少饲料等。这些方法都基于估计，都是错误的。以投苗量和体长、体重决定投饲料量的方法，最大不确定性是成活率和摄食状况。

在开始投饲料后增加或减少饲料的正确方法是以饲料台摄食状况决定。在每次投完饲料后，必须在饲料台放下当次总投饲料量的 3% ~ 5%，并在 1 小时左右检查饲料台摄食状况。如果都吃完，在下一次投饲料时应增加饲料。增加饲料量可以用如下方法判断。例如，在投饲料后，在 40 分钟检查内吃完和 1 小时后吃完，增加的量应不同。前者应增加多一些，后者应少些。至于增加多少，又以下次检查饲料台饲料状况决定，通过这种方法，逐步掌握投饲料规律。至于减少饲料或不减饲料，也是以饲料台内饲料状况决定，并找出减少饲料原因。

增减饲料与天气状况、水质状况和虾健康状况有关，例如天气突变、气温骤降等应减少投饲料量。

4）拌料

拌料是指用微生物制剂等对虾健康有好处的物质，与虾饲料混合使用，起到良好的防病效果。

使用抗生素在防病抗病促生长的同时，也带来巨大的副作用。滥用抗生素造成动物肠道菌群失衡，肠道变薄，黏膜脱落，通透性增强，给病原可乘之机，同时也造成肠壁溃疡，动物机体免疫机能受到抑制。

以乳酸菌为主的微生物制剂具备与抗生素相似的促生长功效，但与抗生素的作用原理却完全不同：抗生素毫无选择地杀死微生物（无论是有益菌还是有害菌），副作用大。而微生物制剂则通过促进肠道有益菌的生长竞争性抑制病原菌，进而激发动物本身的生长性能。因此，微生物活菌制剂具有无毒副作用、无残留、无抗药性和不污染环境且成本低的优势，是抗生素的理想替代品。在水产养殖中，微生物制剂中起关键作用的是乳酸菌，其次是枯草芽孢杆菌。

（1）微生物发酵饲料拌虾料喂虾有如下优越性

①促进鱼虾对饲料的消化，吸收。发酵饲料是在各种分解酶、微生物活菌的作用下把动物不能吸收的高分子碳水化合物转化成可吸收的低分子碳水化合物，即能量饲料。

②发酵饲料的多种微生物活菌能大量吸收动物难以利用的有机氮、无机氮，使之转化成为各种菌体蛋白质，即蛋白饲料，显著增加了饲料营养成分，降低了饲料成本。

③多种微生物活菌在发酵中能产生大量蛋白酶、脂肪酶、淀粉酶、纤维素分解酶、B 族维生素和维生素 A、维生素 D，多种维生素活菌在动物体内建立起微生态平衡，增强了免疫力。

④改善了饲料的适口性，使得所养殖鱼虾采食量，采食速度全面提高。

⑤由于水产养殖的特殊性，多种有益菌在投放到水体中改善了水体环境，加快了水体中有害有毒物质转化，促进了鱼虾的生长。

（2）微生物发酵饲料投喂鱼虾的作用机理

①生物屏障作用。在肠道内的有益菌通过与有害菌竞争定植点位和夺取营养物质抑制和阻止有害菌在肠道膜的附着和繁殖。

②化学屏障作用。通过有益生物，如乳酸菌类产生的有机酸（乳酸、丙酸、乙酸）使消化道内 pH 降低，抑制其他病原微生物生长。环境 pH 为 4 时，大肠杆菌和沙门氏菌不能增殖，起到维持肠道菌群平衡促生长的作用，同时消化道内的酸环境促进了矿物质元素钙、磷、铁以及维生素 D 的吸收和利用。

③有益微生物可产生肽细菌素、酶类及少量无机物，可以抑制有害菌的生长或阻止有害菌毒素在上皮细胞的黏附和侵入。

④营养作用。微生物发酵饲料中的有益菌本身即为一种高蛋白物质，同时在动物肠道内代谢，可产生多种有助于动物营养消化的有益因子，促

进所养殖鱼虾的发育和增重，如芽孢杆菌能分泌多种消化酶、淀粉酶、脂肪酶等，促进营养物质的消化和吸收。酵母菌可产生氨基酸，多种维生素供动物体利用。酵母菌还可以促进植酸酶的产生，提高动物对磷的利用率。

⑤防止有害物质的产生。微生物发酵饲料促进营养物质的消化和吸收，减少氨和其他腐败物质的产生。

⑥提高机体的免疫力。微生物发酵饲料的有益菌可以作为一种非特异免疫调节因子，通过细菌本身或细菌壁成分刺激并激活宿主免疫细胞，促进吞噬细胞活力或作为佐剂发挥作用。有益微生物还可以发挥特异免疫功能，增强动物体内 B 细胞产生抗体的能力，从而防止疾病的发生。

随着科技的进步，近年来出现许多拌料产品，都取得良好效果。

如酵母膏，酵母细胞富含 B 族维生素、微量元素、酵母多糖、功能性多肽、核苷酸等营养物质，均有提高动物免疫水平的作用。饲料工业中曾经广泛应用的啤酒酵母粉是将啤酒工业副产品——酵母废液烘干后产品。由于酵母细胞未经破壁处理，且其细胞难以被动物的消化液破坏，导致胞内营养物质无法被动物消化吸收。该公司科技人员经多年研究，终于运用先进的现代生物工程技术，将酵母细胞进行破壁、酶解而生产出酵母膏。该产品能把酵母细胞中的功能性小分子物质，如游离氨基酸、小肽、核苷酸、β- 葡聚糖、甘露寡糖等最大限度的释放。酵母膏具有强烈的酵母香味，可显著提高饲料的诱食性，改善消化道的菌群，提高营养物质的消化吸收率，促进水产动物的生长，降低饵料系数，同时可全面提高水产动物的非特异性免疫功能，提高抗疫力和存活率。用量为饲料的 1% ~ 2%。

此外，某公司针对目前对虾养殖过程中普遍出现的肝胰脏病问题，研制出的适用于对虾肝胰脏保护的产品——益肝宝也取得了良好效果。益肝宝的主要成分是天然胆汁酸和牛磺酸，前者通过胆汁酸分子的亲油基和亲水基结构将大分子的脂肪分解成小分子的游离脂肪酸，同时激活脂肪酶，使之能在肠道中发挥作用，促进脂肪的消化。另外，胆汁酸可以和脂肪、脂蛋白形成复合物，转运出肝脏，有效防止脂肪在肝脏的沉积。牛磺酸不仅对对虾有良好的诱食性，还能提高虾的抗氧能力，增加虾的非特异性免疫力。

某水产研究所研制和生产的活性酵素也是拌虾料的良好物质。它富含乳酸菌、酵母菌、芽孢杆菌等有益菌，对改善肠道环境起良好作用，更利于消化和吸收，能减少肠炎和白便的概率，同时能分解水体中的残饵、粪便等有机物，补充碳源，保持稳定水质。

5）智能喂虾投饵技术

某研制和生产的智能喂虾机，是在我国水产养殖由传统产业向现代化加快转变的过程中诞生的，属于我国首创，达到国内先进水平。该项技术已获国家发明专利 3 项，实用性发明专利 5 项。

笔者从 2019 年开始在广州南沙区新垦镇十七涌土塘养殖南美白对虾中使用该智能喂虾机，效果良好。

该机有如下特点：

（1）采用科技新技术设计。外形尺寸为 170 厘米 ×73 厘米 ×90 厘米，机身总重 75 千克。

（2）采用全自动控制方法操作，非常简单，很容易操作，只要把饲料倒进饲料仓就能自动控制。

（3）自动控制距离，自动避开障碍物。该机特别适用于土塘养殖对虾，它能在距堤边 1.5 米绕塘边航驶，当遇到障碍物时，会自动避开继续向前航驶。一个 10 亩左右土塘仅需 15 分钟便可绕塘一周完成投料任务。

（4）用遥控可自动启航和自动停靠，即在池塘边设一个简易框架和设备，就可以实现上述动作。

（5）自动出料，自动控制投料速度。该机通过中央控制器控制投料速度，在绕池塘一周后，能将所有饲料均匀投完。

（6）采用 12 伏蓄电池驱动，不需要人为提供能源。

（7）减轻劳动量，降低劳动成本。随着我国经济飞速发展，虾塘工人工资越来越高，成本越来越大。有了智能喂虾机后，可节省许多劳动力。随着时代的进步，许多养虾户都希望轻轻松松喂虾，开开心心挣钱，喂虾机的出现正适合潮流的发展。

（8）提高经济效益。在许多地区，例如珠江三角洲地区土塘养殖对虾，多数都是习惯每天投 2 餐，分别是上午和下午，其原因之一是传统习惯。笔者近几年都在珠江三角洲的广州市南沙区新垦镇十七涌养殖南美白对虾，以前都是每天投两餐，而有了喂虾机后，每天中午多投一餐。

（9）价格合理，深受欢迎。随着科技的进步，越来越多的养虾人都喜欢采用新技术养虾。养虾全过程工作量最大的是投虾料。懂技术的养虾人都盼望使用智能投虾机，用喂虾机喂虾将成为现实。特别是有远大理想而又长期养虾的用户，更应早日使用喂虾机。

10. 全封闭养殖

全封闭养殖对虾在防病方面起到良好作用。笔者在 30 余年的对虾养殖实践中逐步探索出养殖规律，取得良好成绩。

全封闭对虾养殖技术从 20 世纪 90 年代开始，最早在泰国取得成功，随后在我国福建同安地区 1997 年也取得了成功。但这种模式要设蓄水池，设蓄水池对水体交换、防病治病无疑起积极作用。但其最大缺点是占用土地面积，加大塘租费用，难以推广。当今对虾养殖难题之一是塘租太贵。以广东珠江三角洲为例，通常设有增氧机的虾塘，每亩租金约为 2 500 元，有的高达 4 000 元。

为了探索防止虾病发生规律，摸索在河口低盐度地区度过淡水期对虾养殖技术，笔者于 1988 年在深圳某研究所领导大力支持下，利用微生态平衡原理，采用某水产研究所研制的微生物制剂——利生素改良水质和底质取得成功。为了验证上述技术的可靠性，于 1999 年又用 6 个塘进行相同试验，在周围许多虾农养虾都失败的情况下，取得成功。这种养殖模式，是养殖全过程在独立的池塘进行，一次性进满水后，不排水、不进水、不设蓄水池。笔者近五年来在广州市南沙区新垦地区采用相同全封闭养殖技术，也取得了成功。

这项技术在河口地区和水体交换容易造成交叉感染的地区有重大意义。例如在许多河口地区，每年在 12 月至翌年 3 月盐度较高，适合养殖对虾。但到了 4—8 月，这些地区几乎是纯淡水，如果进行换水，排出去的是含有盐度的海水，引进的是纯淡水，对虾的生长不适应，虾很容易发病。

本项养殖技术模式有三个重大突破：①杜绝病源传播和减少环境应激。传统的水交换方式往往随水带来污染物、病原及携带病原的生物，频频的水交换容易产生环境要素的剧烈变化，使对虾产生应激；②解决河口低盐区换水难的矛盾，从而解决养殖期淡水时间长不能换水的矛盾，使原来不能养殖对虾的辽阔地区能够养殖；③这种模式在防病治病方面起良好作用，同时减少由于发病排水，交叉感染的可能性。

全封闭式养虾模式的关键技术如下：①利用微生物制剂改良底质和水质，维持水体生态平衡。养殖对虾全过程不可避免存在对虾排泄物、残留饲料和生物尸体等有机物，这些有机物若不及时清除，就会污染底质和水质。而微生物制剂的各种有益菌，特别是芽孢杆菌能化解这些有机物，避免底质和水质污染。此外，经常使用池底净和过硫酸氢钾等底质和水质改良剂也起良好作用；②培养好基础饵料生物。全封闭养殖技术能否成功，关键还是水质是否良好。而培养好基础饵料生物后，池中有浮游植物的光合作用，为池塘提供充足的溶解氧。这些溶解氧除供虾的呼吸和生长外，又为改良底质提供良好条件；而池中培养出来的浮游动物为刚放苗的幼虾提供优质饵料，大大推迟开始投饵料时间，大大缩短由于投饲料而污染水质和底质的时间。

11. 不使用抗生素和杀菌消毒药物

以往养殖对虾常使用抗生素、杀菌消毒药物防病治病，从实践中发现，这些药物起不到防病治病作用。这是因为，这些药物有如下副作用：

1）耐药菌株的产生

耐药菌株的产生，使用药量越来越大，药效越来越差，既增加了生产成本又增加了防治难度。

2）产生药物残留

抗生素进入水产动物的血液循环，大多数会被排出体外，极少数则会残留在体内组织中，并且随着多次使用在体内聚集起来，既影响人类健康，又影响水产养殖业的健康绿色发展。

3）破坏微生态平衡

水是水生动物赖以生存的环境，其中有许多有益微生物，如光合细菌、硝化细菌等。水产动物的肠道里也有许多有益微生物，如乳酸菌，部分孤菌。它们在维持水环境的稳定，水产动物代谢平衡中起关键作用，成为水产动物体外微生态平衡中的重要组成部分。抗生素等杀菌消毒药物的使用，在抑制和杀灭病原微生物的同时，也会抑制或杀死这些有益微生物，使水生动物内外微生物平衡被打破，导致微生态环境恶化或消化吸收障碍而引起新的疾病。

4）对免疫系统有抑制作用

一是抗生素直接影响吞噬细胞功能；二是通过影响微生物而影响吞噬细胞对微生物的消化，摄取和杀灭功能。

随着养虾业的不断发展，已有了抗生素之类的替代品，例如微生物制剂中的乳酸菌是最好的证明。笔者近几年在土塘养殖南美白对虾，都用乳酸菌等微生物制剂和过硫酸氢钾和池底净等调节底质和水质，从不用抗生素类物质，也取得成功。

12. 抗击自然灾害

1）自然灾害的特征

自然灾害的主要特征有：连续多天阴雨天、强冷空气、大雨、暴雨、大暴雨和台风等。

2）自然灾害的危害性

（1）缺氧

自然灾害到来时，由于天气突变，使虾塘浮游植物的光合作用减弱，导致缺氧。这时虾塘耗氧不变，甚至增加，这在台风到来之前或过程中特别明显。

（2）应激反应

灾害性天气，使水深、水温、溶解氧、酸碱度等突变，很容易使虾产生应激反应，很容易发病。

（3）堤坝倒塌

在我国沿海养虾地区，几乎每年都有台风登陆，只不过登陆地点不同而已。台风的到来，往往伴随大潮，水位突然升高，造成堤坝倒塌。例如 2018 年 7 月在广东珠江三角洲登陆的台风达 17 级，水位急促上涨，许多堤坝被洪水冲垮，大量鱼虾被冲走。

（4）气温骤降，冻死鱼虾

虾是变温动物，气温骤降，超过适温范围就会被冻死。这种情况往往发生在春季放苗期间和冬季收苗季节。有些虾农抱有侥幸心理，想早放苗，早上市，卖到好价钱，便过早放苗。若遇到特殊天气，放下的虾苗会被冻死。有些虾农，冬天季节虾应及时卖掉，但为卖个好价钱，不及时把虾捞出卖掉，遇到突发寒潮到来会让虾冻死。

3）抗击自然灾害的方法

（1）要有抗击自然灾害的准备

对虾养殖是高风险产业，其重要表现是养殖过程中虾很容易发病，而一旦发病又不容易治好，这正是近年来 70% ~ 80% 养虾失败的重要原因。而虾发病又往往是因为自然灾害天气。为此，必须在思想上做好抗击自然灾害准备，做好预防工作。

（2）平时做好水质的调节工作，维持水体在良好状态。

虾发病的主要原因在于水质的恶化。平时水质都处在良好状态，可以提高防病能力。

（3）做好防病工作

①增氧

灾害天气最大危害是缺氧。为此，凡在灾害天气期间，务必开启增氧机，保证池塘有充足的溶解氧，这是抗击自然灾害最重要、最有效的措施。

②施放应急药物

维生素药物，例如维生素 C 和维生素 E 是良好的防应激药物。此外，葡萄糖效果也很好。粒粒氧等增氧剂和沸石粉等效果也很好。

（4）准确投饲料

自然灾害的到来或在自然灾害期间，环境变化很大，必须做好投喂饲料工作。在自然灾害期间，投喂饲料工作应做好试料工作，即在每次投喂饲料之前，应在饲料台内放些饲料，观察虾是否吃料。如果试料结果是虾不吃料，千万不要投喂饲料。如果虾吃料，也应适当控制投喂饲料量，千万别过量。

（5）及时收听天气预报，做好卖虾工作

随着科技的进步，天气预报工作越来越准确，特别对台风和强冷空气的预报尤为准确。凡养殖对虾，如果达上市规格，应尽可能及时把虾卖走。例如 2019 年 8 月 9 日在浙江地区遇上 70 年一遇特大台风，在台风形成到登陆往往有 5 ～ 7 天的天气预报，如果台风有可能在本地区登陆，应立即组织卖虾，避免损失。强冷空气，特别是特殊天气，更应密切注意天气预报，把该卖的虾及时卖走。

（6）做好安全管理工作

在暴雨、大暴雨和台风期间，水位迅速上涨，应做好水位监测和调节工作，预防堤坝崩溃和防逃工作。

十、卖虾

对虾养殖是高风险产业，养殖全过程时时都存在风险，虾养成上市也充满风险。有的虾农说得好，养虾成功若还未把虾卖掉，虾仍在虾塘中，卖虾的钱尚未装进口袋，则仍不算成功。这表明养殖成功的虾必须用科学方法卖虾，以避免因卖虾不当而造成损失。

（一）做好卖虾准备工作

1. 准备好捕虾的设备和工具

1）虾网

许多地区土塘收虾多采用拉网方法捕虾，在收虾前应做好虾网。现在捕虾都采用低压的脉电装在虾网底纲上捕虾。此外，要检查虾网安全工作，有破网现象应及时补好。现在许多地区捕虾已产业化，即有专门的捕虾组织，提供专门捕虾网和其他工具。这种方法捕虾费用较高，以 2019 珠江三角洲地区为例，一般一个 10 亩左右的虾塘收费 2 500 元左右。

2）鱼网

现在有许多地区的虾农采用鱼虾混养的模式。这种模式的捕虾方法是先用鱼网把鱼先捕，捕到的鱼若在捕完虾后放在原池塘，先用鱼网暂养，待虾捕完后，把鱼网收起，把鱼放入池中。

3）照明灯

捕虾多数是晚上开始，故必须在虾塘起虾的位置安装好照明灯。照明灯的安装方法，是用竹竿固定好照明灯。这种照明灯市场有售。

4）虾萝

捕虾时拉到虾用萝装过程，必须准备好足够的虾萝。

5）称

称必须先充电，如果没有现成的，还应购买或借用。

6）虾笼

许多地区的虾农是用虾笼收虾，用虾笼收虾卖，普遍比拉网收虾每千克价格多 4 元左右，许多用虾笼收虾的往往是养殖面积小的虾农。面积大的虾农多数用拉网方法收虾。用虾笼收虾数量较小，时间也长，对养殖时间有一定影响。

2. 打听虾价

市场虾价变动大而且快，在卖虾时应该多途径打听虾价，尽力卖到好价钱。

3. 公平交易，防止受骗上当

笔者在长期卖虾过程中遇到过被欺骗现象，例如，在卖虾前买卖双方讲好价钱，但到收虾时，收虾商提出许多不正常理由压低价格。

（二）卖虾时间

1. 力争在价格较高时卖虾

科学养虾和科学卖虾是提高经济效益的最有效方法。为了达到这个目的，应把科学养虾和科学卖虾的时间综合考虑。在许多地区的虾苗不是随时可以买到，要向虾苗场预定虾苗。预定虾苗往往在放苗前 10 天左右，所以时间必须安排好。如果这个时间安排得好，养殖的对虾达到上市规格时价格较高。以 2019 年为例，若能在 7 月上旬前后有虾上市，价格会较高。若在 7 月下旬至 8 月初则虾价最低。同样道理，在养殖第二茬虾时，也应把放苗时间、放苗密度和卖虾时间结合起来，若能把卖虾时间安排在 11 月下旬至 12 月中旬，价格最好。

2. 把握卖虾时机，及时卖虾

1）关注台风

台风从生成至登陆往往持续 5 ～ 7 天，特别是强台风更加明显。掌握以上知识对卖虾很有好处。以 2019 年 8 月生成的“利奇号”台风为例，其强度达 17 级，横扫浙江、上海、江苏、山东和辽宁等地，其风力和暴雨造成巨大损失。这是 70 年一遇的强台风，作为虾农，在得知这个台风即将来临的信息后，若虾达到上市条件应马上卖虾。

2）关注强冷空气

强冷空气，特别是特殊月份，要认真做好天气预报收听工作。几年前，在珠江三角洲地区的 11 月份曾出现过一次强冷空气突然来袭。南美白对虾被冻死，所有罗非鱼也被冻死。因此，当虾达到上市规格后，在强冷空气到来时，应以最快速度把虾卖。

正常养殖对虾，从开始投喂饲料开始，在天气正常的情况下，应该每天都增加饲料，而在虾也正常生长的情况下，每天检查饲料台饲料状况时，饲料台内饲料都会被吃完。如果在正常时间检查饲料台内饲料有特殊情况出现，即饲料台内饲料未被吃完，表明虾开始发病。在这种情况下，应立即卖，越快越好。如果不及时卖虾，发病就越来越严重，有可能出现虾游塘或出现死虾。若出现这种情况，虾价降低，产量减少，在这个关键时间，应以最快速度卖虾，否则后果严重，损失惨重。

3）克服侥幸心理

对虾养殖是高风险产业，其风险来自主观，也来自客观，从主观方面讲，养虾全过程都可能发病，发病原因主要是主观努力不够；从客观方面讲，养殖对虾与环境变化极大，而且有些是无可抗拒的因素，例如养殖的对虾可以上市，一个强台风经过养殖区，除了能采取一些措施减少损失外，有些损失是无法抗拒的。例如台风把海堤冲垮，这在2018年的强台风中，就把广州南沙区十九涌的海堤冲垮，海水淹没虾塘，虾逃逸等。

为此，卖虾季节在卖虾时应遵循市场规律，该卖的虾不要因为价格低而不卖，而应按市场经济规律，及时卖虾。如果违背这个客观规律，接着而来的是虾发病，这个损失会更惨重。

4）统筹安排卖虾

在养殖的对虾达到上市规格后，应把收虾卖虾工作安排好，特别是养殖面积达100亩以上养殖户更应做好这个工作，把卖虾与生产紧密结合起来。在这里应特别指出的是，对水质状况不理想、有可能发病的虾塘应先卖，确保在安排卖虾时间时留有余地，避免由于特殊情况发生而影响卖虾。

（三）收虾方法

1. 拉网收虾

随着科技的进步，现在已采用电网捕虾技术，即在虾网的底纲装上脉冲电制成的专用电虾网。在捕虾时，利用脉冲电形成电场，在电场内，虾受到电的刺激后，跳离池底，跳入水中而被网捕获。现在的捕虾在许多地区都建有专业的捕虾组织，形成专业队伍。

2. 装笼捕虾

随着养虾事业的不断发展，市场有许多不同规格的虾笼出售。

虾笼有两种：一是长方形铁圈制成的单纯虾笼；二是在前者虾笼的基础上，在虾笼一端或两端连接一两个蓄虾的网箱。前一种虾笼是可以即装笼即卖虾，通常在一个小时左右完成；后一种虾笼由于有蓄虾的网箱，可减轻虾的挤压，装笼可时间长些，甚至可达24小时以上。例如，某虾塘虾较少，晚上就可以装笼，次日捕虾。

用虾笼捕虾时，先把虾笼抛出，然后撒饲料。带网箱的虾笼，先把虾笼和网箱拉好才撒饲料。

虾笼装好和撒完饲料后，要检查虾笼蓄存虾数量决定起网时间。对于虾塘产量高、密度大的虾塘更要注意，预防虾相互挤压而死亡。

十一、养殖日志

（一）做养殖日志的意义

1. 提高养虾技术水平

对虾养殖是否成功，关键在于养殖技术。在同一个地区都存在一些虾农养虾成功，但有些虾农也会失败，而且是大多数都失败。笔者近五年来，均在广州南沙区新垦地区十七涌养虾，原来共有 5 户养虾，现在仅存笔者一家养虾，他们之所以不再养虾是因为连续亏损，其最重要原因之一，是养虾技术不过关。

养虾技术的提高，一是通过书本、网络等学习，二是靠实践的经验总结。做养殖日志，及时、准时记录下养殖全过程，通过这些记录资料可及时总结出成功经验和失败教训。成功经验可以继续运用，失败教训可以避免。笔者长期与广大虾农的接触中发现，许多虾农养虾根本不做养殖日志，更没有什么仪器设备，盲目养虾现状非常严重，这是养虾失败的重要原因之一。

2. 适应市场的需要

为了适应国内和国际两个市场的需要，提高对虾产品质量将成为对虾养殖的发展方向。认真做好产品质量与校准体系建设，尽快建立一套既符合我国国情，又与国际接轨的水产养殖校准体系，积极推广以危害分析与关键控制点（HACCP）为核心的科学质量管理规范，逐步实施水产养殖全过程质量认证制度，切实抓好从“池塘到餐桌”的全过程质量管理。在不久的将来，凭资格证养虾将会是大势所趋。由此可见，做养殖日志既是形势的需要，也是养殖对虾的需要。出口的虾价格高，虾农都希望自己养殖的对虾能出口，卖到好价钱。但出口的虾必须符合出口校准，有关部门要查阅有关资料，要跟踪养殖全过程的所用药物和饲料等。如果做好养殖日志，则可以如实及时提供有关资料。相反，若没有做养殖日志，就不能提供相关资料，导致出口受阻。随着我国经济迅速发展，国内市场销售对虾，也将实行准入证制度。以上表明，做好养殖日志也是必不可少的一项技术工作。

（二）做养殖日志的方法

养殖日志可以采用表格形式进行记录，见表 3-2。

表3-2　养殖日志记录表

塘号：_ 面积：_亩 养殖品种：__ 放苗数量：_万 每亩：_万 总产量：_千克 亩产：_千克											
日期											
投喂饲料	1										
	2										
	3										
	4										
	小计										
	累加										
水质监测	水深 / 厘米										
	水温 / ℃										
	盐度										
	透明度										
	水色										
	酸碱度										
	溶解氧 /（毫克/升）										
	氨氮 /（毫克/升）										
	亚硝酸盐 /（毫克/升）										
增氧机	开机时间										
	关机时间										
	小时										
药物	名称										
	用量 / 千克										
	浓度 /（毫克/升）										
	效果										
收虾	日期										
	产量										
备注											

十二、对虾养殖存在的错误观点、方法、误导和改进措施

（一）进水网纱网目过大，有鱼虾卵进入虾塘

许多虾农在养虾过程中和捕虾中，发现大量罗非鱼和其他野杂鱼，这与进水的网目过大，鱼虾卵进入虾塘有关。

进水网的网目必须在80目以上。这种网目鱼虾卵被网纱过滤时挡住，进不了虾塘。若网目小于80目，很容易使鱼虾卵进入虾塘。进入虾塘的野杂鱼繁殖非常快，特别是罗非鱼，危害极大，一个10亩虾塘甚至可达500～1 000千克以上，极大地影响了虾的成活率。

（二）进水网破网，鱼虾或卵进入虾塘

凡进入虾塘的养殖用水，必须经过80目以上网纱过滤，以防止野杂鱼虾或卵进入虾塘。但由于种种原因，若进水网被水冲破，不及时发现和处理，就不可避免地有鱼虾或卵进入虾塘。这些鱼虾或卵就会不断生长繁殖，危害极大。为此，凡在进水时，务必特别注意进水网受力情况，尽可能减少水的压力，防止破网。

（三）虾塘有漏洞，鱼虾或卵进入虾塘

长时间养殖对虾的虾塘，由于有螃蟹之类生物打洞，出现漏洞情况，而这些漏洞又不容易堵死，若把发现的漏洞堵死，水又从旁边溢出，很难处理。遇到这种情况时，尽最大可能把漏洞堵死。但要做到这点，时间和成本却很大。在这种情况下，可以采用如下办法处理：

在漏洞口铺上能防止鱼虾卵进入的旧网纱，可以让水进入。经过这样处理后，可以大大减少鱼虾卵进入虾塘的机会。

（四）晒塘工作没有做好，影响水质的培养工作

晒塘是养虾极其重要的基础工作，它对培养水质和维持水体生态平衡起重要作用。例如，凡经过养虾或长期从事养虾事业的人都会发现，若虾塘晒塘工作做得好，池底都能晒得好，发白，龟裂，肥水时培养出的水色常为褐色，以硅藻为主。若虾塘没有晒好，存在积水，肥水时培养的水

色为绿色，与绿藻为主。而硅藻比绿藻更好。

在晒塘时若池底不平，容易积水。最好的方法，是沿虾塘四周挖一条沟，让渗漏的水流进沟内，再通过连通沟渠，把水引到虾塘最低洼处，再通过抽水机把水抽走，方便晒塘。

（五）清淤工作没有做好，导致水质恶化，养虾失败

清淤工作是养虾全过程极其重要的基础工作，它关系到养虾成败。

众所周知，只要养虾，虾的排泄物、残留饲料和生物尸体就不可避免地沉积池底，若不及时清除，池塘水位越来越浅。这会导致池塘有机物越来越多。池塘有机物是池塘耗氧大户，有报道指出，池塘溶解氧有50% ~ 74% 是池塘底质消耗。池塘溶解氧的含量直接或间接影响其他要素。当池塘溶解氧充足时，池底进行氧化反应，有益菌越来越多，水质良好。若池塘缺氧时，会进行还原反应，有害物质，例如氨氮、亚硝酸盐和硫化氢等就越来越多，水质恶化，导致虾发病。

水质恶化重要原因之一，是底质污染。为此，在放虾前必须认真做好清淤工作。在珠江三角洲地区正常用挖掘机在虾塘四周挖深沟，晒塘后将表层淤泥推到岸上，然后再将水沟填平。有些地区不能用推土机和挖泥机，采用水枪冲洗的方法，边冲水，边抽水，效果也很好。

清淤工作往往被许多虾农忽视，这也是许多虾农养虾失败的原因之一。笔者 2016 年应邀到浙江省某地进行考察，发现有些虾农存在侥幸心理。当然也有客观原因，例如一位虾农认为，清淤工作很重要，也想做好清淤工作，但由于连年养虾失败，经济困难，无力花钱做好清淤工作，结果养虾还是以失败告终。

（六）毒塘工作没做好

毒塘又称清塘。毒塘是指利用药物，在放虾苗前把池中野杂鱼虾和细菌放毒杀死，为后期养虾提供良好环境，它是提高成活率和养虾成功的重要保证。

毒塘工作没有做好主要表现在两个方面：一是使用药物不对。毒塘最

好的药物是茶籽饼（又称茶麸），浓度为 30 克 / 米^3，主要杀死鱼类；此外为敌百虫，浓度为 2 克 / 米^3，是使用晶体敌百虫。有些虾农毒塘时使用漂白粉。笔者在毒塘时曾使用过漂白粉，但效果不好。其原因主要是质量得不到保证，质量不稳定。另外，漂白粉药效时间短，很快失效，特别一些有漏洞的虾塘危害性更大。二是浓度不够，在计算用量时，一是计算要准确，二是要留有余地，例如茶籽饼的质量也不能 100% 保证，故用量时宜多不宜少。

有许多虾农在毒塘时是用进满池水的方法毒塘，目的是把养殖池中的所有敌害生物杀死。这种方法的动机是好的，但有两个弊端：一是药量加大，增加毒塘成本。例如，毒塘的最好水深是 30 厘米左右，以水刚把滩面淹没最好。如果养殖池塘水深为 150 厘米，用量增加 4 倍，无疑加大成本；二是用进满池水方法毒塘，会把池中所有生物都杀死，其中包括浮游植物。这给肥水带来极大的困难。因为肥水的目的是培养基础饵料生物，包括浮游动物和浮游植物。池中所有浮游植物被杀死，肥水很困难，对养殖很不利。

（七）肥水工作没有做好

肥水工作没有做好，主要表现在两个方面：

1. 肥水时间不对

肥水的目的是培养基础饵料生物。基础饵料生物主要是浮游动物和浮游植物。肥水的最佳时间是在毒塘后 2 ~ 3 天，放苗前 20 天左右，在毒塘后 2 ~ 3 天池水深度达到最高，这时池水中浮游动物最少而且小，而浮游植物最多。这是因为，毒完塘后池水经过 80 目网纱过滤后，大型浮游动物不能进入虾塘，固数量很少，即使能进入，个体也小。而这时藻类最多，经过施肥后，藻类很快就繁殖起来，很快改变了水色和透明度，肥水成功。如果错过上述肥水时间，例如在毒塘后 7 ~ 10 天以后再肥水，池中的浮游动物数量迅速增加，个体也不断长大，这时肥水时刚培养起来的藻类会被浮游动物吃光，水又变清，水很难肥起来。

2. 肥水物质不对

在广东珠江三角洲地区有许多虾农用花生麸、麸片之类肥水。这种方法肥水效果差，成本也高，因为这些物质的成分为脂肪、蛋白质和碳水化合物，这些物质不容易溶解于水，浮游植物不容易吸收，有些地区虾农用鸡粪、猪粪肥水，这些物质容易污染水质和底质，操作也比较困难。随着科技的进步，现在市场上有许多新产品，效果很好，笔者经常使用中国水产科学研究院南海水产研究所研制的藻类营养露，效果很好，价格也合理。

当然有些地区虾农认为，不肥水也可以放虾苗，虾苗也照样长大，这也是错误的。须知，虾塘中的氧气主要来源是池中的浮游植物的光合作用。不肥水藻类少，透明度大，甚至看到池底，很容易缺氧。笔者曾见到一位虾农不肥水就放虾苗，放下的虾苗可以清清楚楚地看到在游动。笔者见此，建议立即施肥，培养藻类，降低透明度。但该虾农不以为然，没有及时处理。事后几天虾苗就出现发病现象。后虽然已处理，但损失很大。

（八）买劣质虾苗

虾苗是养虾的基础，虾苗质量决定养虾的成败，优质虾苗是养虾成功的前提，买劣质虾苗是养虾失败的根本原因。

由于养虾连年失败，许多虾农被虾病所折磨，形成一种错误观点，就是认为普通虾苗不容易发病，加上普通虾苗比一代虾苗价格低很多。例如以 2019 年为例，一代苗每万尾 250 元左右，而普通苗才 50 元左右，因此许多虾农都愿意买普通苗。

普通苗的抗病力比一代苗强，这也是事实，但它的最大缺点就是规格小，长不大。笔者于 2014 年曾对一代苗、二代苗（杂交苗）和普通苗进行过对比养殖试验。试验结果是：普通苗养殖到 60 天左右（每亩土池放 4 万苗），饲料吃到每餐 5 千克时，再加料就加不上，虾也不会长大，这时全长 8 厘米左右，甚至养殖到 180 天，也达不到上市规格。这是因为，现在市面上出售的普通苗的亲虾都是由当地虾农养殖南美白对虾的大个体，达到性成熟时作为亲虾。这种虾近亲繁殖严重，严重影响虾苗质量。笔者近来听一位虾农反映，土塘养殖的南美白对虾养殖到 60 天仍很小，全长仅为 8 厘米左右，这位虾农的虾苗很可能就是劣质虾苗——普通苗。

（九）过早放虾苗

南美白对虾最适生长水温为 23 ~ 32℃，15℃ 停止摄食，8℃ 开始死亡。也有报道指出，12℃ 出现死亡。放虾苗的最适水温为稳定在 22℃ 以上最好。有些虾农，特别是初次养虾的虾农，不了解南美白对虾适温的生态特性，盲目追求早放苗，早上市，卖个好价钱，这种思想是错误的。这是因为，幼虾未达到适温范围时，特别是水温使幼虾停止摄食时，虾不会长大，会影响生长速度，体质更弱，延长养殖时间。对虾养殖是高风险产业，其风险以天为计，多养殖一天就意味着多一天风险。例如，2010 年 4 月 15 日广州气温达 10.7℃，这种天气很特殊，这一年就有的虾农由于过早放苗，虾苗被冻死，这应引以为鉴。

（十）买到发病虾苗

对于虾农来说，必须学会识别虾苗质量的方法，这对于首次养虾的虾农尤为重要。凡买虾苗，必须亲自到虾苗场亲自观看虾苗质量。最有效的方法，就是叫虾苗场有关人员捞自己所需的虾苗池的底层虾苗查看。如果在查看过程中发现有异常现象，例如有不同颜色的虾苗，或活力不强，甚至有死亡个体，表明这池虾苗有病，不能购买。有经验的虾农，特别养殖规模大的虾农，最好亲自多次查看，这对保证质量更有好处。有的虾农买回来的虾苗，放到虾塘后，在短时间内，例如 3 ~ 5 天，甚至在 10 天发现虾有病，表明买来的虾已发病，有信誉的虾苗场，不会出售发病虾苗。有些虾苗场为了逐利，加上虾农又不会识别虾苗质量，往往上当受骗。

（十一）放苗密度过大

虾生长速度与密度密切相关，放苗密度以高效适度为原则。放苗密度与养殖环境、养殖条件、管理水平有关。一般土池，在正常养殖季，都是精养对虾，每亩 3 万 ~ 5 万为宜，宁愿放疏苗，养大虾，也不要冒风险追求产量，特别到天气特冷季节，更应注意放苗密度。

（十二）放苗时淡化工作没有做好

南美白对虾在海水地区养殖，对盐度有一定适应范围，若超过适宜生长盐度，影响生长，容易发病。凡购买的虾苗盐度必须与养殖的虾塘相同或相近，必须做好淡化工作。

在放苗准备工作做好后，决定购买虾苗时，必须把虾塘盐度测定好，把结果告诉虾苗场，虾苗场根据虾塘盐度逐渐淡化。有些地区的虾塘是高盐度，不一定要淡化，可以直接购买，不管是何种形式淡化，都要使购买的虾苗场的盐度与虾塘盐度相同或接近。

笔者曾遇到不懂得虾苗淡化的虾农，没有把虾塘盐度告诉虾苗场，也不淡化，结果刚放下的虾苗都死亡。

淡化好的虾苗放入虾塘时，虾苗会立刻潜入水中消失。如果虾苗场的盐度与虾塘盐度相差较大，放下的虾苗不潜入水中，在水面游动，这是盐度不适应的结果。

（十三）虾苗试水方法不对

放虾苗前 1 ~ 2 天要把购买的虾苗，放在专用试水袋（测定虾苗成活率的专用袋）中观察 1 ~ 2 天，测定成活率状况，以决定是否购买。

试水袋在市面水产店有售。在广东珠江三角洲地区，试水袋由铁圈和网纱建成，一般直径 25 厘米左右，高 35 厘米左右，放苗前用竹竿钓在水中。试苗的正确方法应在试水袋内放 10 尾左右虾苗，但笔者在接触到的虾农中，在袋中放 100 尾，这种方法是不对的。这种方法密度过大，不能客观反映虾苗成活率状况。这 100 尾虾苗放在试水袋内有相互残杀现象。这种方法给计数带来困难，不能反映虾苗实际情况。

（十四）认为对虾养殖失败是虾苗质量不好

笔者在接触到的虾农发现，许多虾农把养虾失败的原因说成是虾苗质量不好，这种说法是片面的。从目前养虾形势分析，养虾之所以难养，之所以失败，最重要的原因还是养虾技术不过关。以虾苗为例，笔者多年来都用一个虾苗场的虾苗，质量不错。但其他虾农养虾失败后，不断更换虾苗场，而容易买到劣质虾苗。当然对于虾苗，应有个正确的看法。例如，如果在放苗后很短时间内，例如 3 ~ 5 天或 10 天左右，虾苗出现问题，很可能是买到发病虾苗或质量不好的虾苗。但如果买到的虾苗，养殖到 30 天以后才发现虾病。发病原因不是虾苗质量，而是养殖技术有问题。

笔者在 2016 年曾应邀到浙江某地考察养虾，当时就是因为虾苗场与虾农为虾病，为养虾失败发生纠纷。经笔者考察后发现，养虾失败的原因还是养殖技术存在问题，例如有一位虾农，养 15 个塘的虾，有 9 个塘成功，有 6 个塘失败，而购买的是同一个虾苗场的虾苗。从这个例子可以看出，这个虾农养虾失败的原因不是虾苗质量，而是管理上犯的错误。

（十五）过早开始投喂饲料

在许多地区的许多虾农存在今天放虾苗，当天或次日开始投喂饲料，这对土塘养虾而言，这种方法是错误的，也是许多虾农养虾失败的原因之一。

众所周知，凡土塘养虾，都有一个极其重要、必不可少的环节，就是肥水。肥水又称培养基础饵料生物。经过肥水的虾塘，改变了水色和透明度，表明虾塘存在许多浮游动物。这些浮游动物具有不饱和脂肪酸，是幼虾优质饲料。幼虾也最喜欢吃这种浮游动物。如果用一个透明玻璃杯装上虾塘水就可以用肉眼看到许多白点在游动，这就是浮游动物。在正常情况下，若每亩放 3 万 ~ 4 万虾苗，一般在放虾苗后 20 ~ 25 天内幼虾都不会吃人工配合饲料。虾苗开始投喂饲料时也与养殖环境，例如温度有关，若水温高，幼虾生长快，开始投喂饲料的时间会早些。笔者 2019 年在土塘养殖南美白对虾，地址在广州市南沙区，同样是每亩放了 3 万苗，第一茬（4 月初）开始投喂饲料时间为 21 天左右，而第二茬（8 月初）开始投喂饲料时间为 17 天左右。开始投喂饲料时间也与肥水质量、放苗密度有关，这要在实践中不断探索，掌握其基本规律。

如何确定开始投喂饲料时间呢？方法也很简单，即在放苗后次日，在饲料台内放下 10 克左右 0 号饲料。如果毒塘工作做得好，一般在 15 ～ 25 天内虾开始吃人工配合饲料，在试验时，放在饲料台内饲料过 1 ～ 2 小时，就可以看到结果。如果放在饲料台内的饲料在上述时间内虾吃完饲料，表明幼虾开始吃人工配合饲料，并在当天或次日开始投喂饲料，若还未吃完，用相同方法继续试验，直至幼虾把饲料台内饲料吃完才停止试验，并开始正式投喂饲料。

（十六）盲目投喂饲料

许多虾农是在投下的虾苗是否开始吃饲料，和吃多少饲料的情况投饲料，其原因是受传统的错误的养殖方法影响，同时也由于错误引导所致。例如有些厂家在饲料袋上标明按虾体重的多少比例投喂饲料，这种方法也是错误的，因为不能用正确方法判断虾的体重，其原因是虾的成活率是变数。更有荒唐的例子是，养虾不用饲料台，就随便投饲料。笔者曾应邀到某虾厂做对虾养殖技术服务，询问有关人员投喂饲料情况，并要求查看饲料台吃料情况时，答复是虾厂没有使用饲料台。不用饲料台就无法看到虾摄食量和摄食状况，就无法准确投喂饲料。

克服盲目投喂饲料的最有效方法，是使用饲料台，通过饲料台就可以判断虾开始摄食时间和数量。

（十七）投喂劣质饲料

有些虾农为了节约饲料成本，自己动手加工饲料，这种方法不可取。这是因为，饲料从原材料、配方到加工全过程，都有一套严格的操作程序，从虾农本身水平与能力，是无法加工出优质饲料的。同时，有些虾农为了虾更快长大，用鲜活饲料投喂，例如鱼和螺肉等，这更危险。笔者在虾农做技术服务时见到一个这样的例子。当地福寿螺成灾，资源非常丰富，也很便宜，虾农使用福寿螺肉喂虾。笔者见此表示坚决反对，但该虾农说，虾已达上市规格，一旦发病立刻卖掉。最后该虾塘还是因为投喂福寿螺肉发病，损失惨重。

（十八）投喂开口饲料

对虾饲料必备条件之一，是呈颗粒状。对虾捕食饲料是通过太颚钳住颗粒状饲料送到口中，而开口料呈粉状，使用时，用水溶解后泼到池塘中,虾不可能摄食到粉状饲料。对虾养殖使用开口饲料是近年来才出现的，也不知道是谁首先提出和使用，也许是出于商业目的，广大虾农应引起注意不要使用开口饲料。事实上，土塘养虾也没有必要使用开口饲料，因为凡是土塘养虾都要经过肥水环节。经过肥水的虾塘存在许多浮游动物，可供幼虾较长时间摄食。

（十九）过量投料

过量投喂饲料主要表现在两个方面：一是在天气突然变化时，没有及时调整投喂饲料数量，投下的饲料虾吃不完，残留在虾塘中，污染底质和水质。二是虾开始发病，没有及时发现，照常投喂饲料，造成饲料留在池塘中。避免投喂饲料过量的方法有两种：一是在每次投喂饲料前，先在饲料台内放些饲料，观测这些饲料的摄食状况，如果放在饲料台内饲料被虾吃完，可以正常投喂饲料，如果发现饲料台内饲料在一定时间内没有吃完，或发现虾吃料速度减慢，这时要减料，或少投一餐；二是及时观测饲料台内饲料状况。例如在每次投完饲料后，通常在 1 ~ 2 小时内观测饲料状况。如果在上述时间内饲料台内饲料未被吃光，表明投料过量，应减少，并要及时检查原因，及时处理。

（二十）没有检测水质状况，盲目养虾

养虾发病的最重要原因之一，是水质恶化引起。目前，我国对虾养殖业遇到前所未有的困难，有 80% 左右养虾亏本，养虾的人越来越少，纷纷转养鱼类或转业，这是由于长期亏本，无力再养虾所致。

水质状况关系到养虾成败。要使养虾成功，必须使水质处在良好状态，保持生态平衡。良好水质都要通过水的各项因子反映出来，不测定水质状况，就无法准确了解水质状况，就无法为改良水质提供科学依据。科学技术是第一生产力，养虾也是如此。只有科学技术的进步才能改变养虾发病

的状况。只有改变观念才能在行动上采取措施，准确采用正确的方法处理水质。

测量水质主要是测定池塘水深、盐度、水色、透明度、酸碱度、溶解氧、氨氮、亚硝酸盐等。

（二十一）水源不好

笔者曾在全国许多地区做对虾养殖服务，发现有些虾农虾塘的水源，在池水还未进入虾塘时，已被污染，就存在亚硝酸盐、氨氮等超标现象。这种水源对养虾很不利。例如，如果这样的虾塘需要换水，是非常困难的。这些受污染的水源不容易改变，要改良为优质水质代价也很大。为此，在虾塘选址时，必须考虑水质状况，这是重大决策，不能犯错误。

（二十二）透明度过低，水质变坏，出现蓝藻

水质过肥，透明度过低，例如在 20 厘米以内，很容易出现蓝藻。

蓝藻出现，主要有两个原因，一是水质过肥，透明度过低;二是缺氧。水质过肥，在夜里大量耗氧，很容易缺氧。缺氧的原因是不及时开增氧机和过早关增氧机。有些虾农认为，天气好，在晴天，在早上七八点钟前就把增氧机关掉，这是不对的。笔者的经验是，即使在晴天，也应在上午 9 点以后才关增氧机。何时关增氧机，最好的方法是使用测氧仪。当天气好，有太阳时，若测得溶解氧含量在 5 毫克 / 升时，就可以关增氧机。若含量低于 5 毫克 / 升时，应该开增氧机，在连绵的阴雨天特别重要。

（二十三）透明度过大，容易缺氧

虾塘氧气的主要来源是虾塘中浮游植物的光合作用，透明度过大，例如达 1 米以上，甚至看到池底，危害性极大。若不及时处理，会生长出叶轮黑藻。这种大型藻类生长很快，用人工是无法清除的，很快充满全塘，造成养殖事故，因为叶轮黑藻死亡后会沉积池底，污染水质，导致虾发病。

透明过大，必须及时发现处理，用换水、施肥等方法，降低透明度，重新培水，培养良好水色和透明度。

（二十四）缺氧

缺氧是养虾失败的重要原因之一，健康的虾缺氧会浮头，导致虾发病。缺氧还有一个危害性，就是对虾塘各种环境因子发生重大变化。例如，虾塘缺氧，各环境因子会进行还原反应，有毒物质产生。虾在不良环境下就会产生应急反应，从而导致发病。

防止虾塘缺氧最好方法，是购买测氧仪测溶解氧含量。由于虾塘是在多种环境作用下养虾，各种环境对虾塘都产生重大影响，从而导致溶解氧含量发生变化，这些变化凭经验是无法掌握的。只有测氧仪才能测定虾塘溶解氧含量。有了测定溶解氧含量的资料和经验，就可以准确掌握好增氧机的开机时间，既保证虾塘不缺氧，又可做到节约用电，节约成本。一般的测氧仪都是1 000多元，效果很好，使用也很方便。

为了防止缺氧，养虾全过程都应备用粒粒氧，它可以在缺氧时间内补充氧气。同时有条件的虾塘，特别是大型养殖场，应备用发电机。

为了防止缺氧，应做好巡塘工作，特别是夜里更应注意，以防因断电而缺氧。

（二十五）鱼虾混养，投鱼料不足，鱼饥饿吃虾

鱼虾混养是广大虾农经长期探索与实践总结的新的养殖模式，从理论上是讲不通的。但实践证明，鱼虾混养可防病，对改良水质也起到良好作用。但这种模式必须做好投鱼料工作，例如在许多地区都有混养鲩鱼的习惯，但鲩鱼食虾，特别在饥饿时特别严重。笔者遇到一个这样的例子，一个10亩土塘，每亩放鲩鱼100尾，体重500克左右，大头30尾，体重也是500克左右，放虾苗20天左右放鱼种，虾苗3万尾，养殖到50天时都很正常，一天投下50千克虾料，每天投下25千克鲩鱼料。由于缺乏经验，没有投足鱼料，鲩鱼便由于饥饿而吃虾。虾在养殖过程中不断脱壳，体弱，很容易被鲩鱼吃，结果在很短的十余天内，把虾吃光。虾由每天吃25千克虾料，逐渐降低，到最后不吃虾料，而这个过程没有发现死虾。在养虾过程中，通常在靠近路边的增氧机的固定绳上，吊一个防止鱼进入的有罩的饲料台，距离增氧机中心2.5米左右。若虾发病，首先在这个饲料台会

发现死虾。

投鱼料不足应特别注意的是，有些虾农，一旦下雨，不管雨大小，就不投喂饲料,这是错误的。笔者长期在虾塘养虾,发现下雨时,鱼仍吃料。当然投料时，应注意鱼吃料状况。现在投喂鱼料都采用鱼料机投料。只要投出的鱼料仍有鱼吃，都应继续投鱼料。近日笔者与一位鱼虾混养的虾农交谈时了解到，曾有一位虾农每亩放 100 尾鲩鱼，长时间不断投鱼料，而投的鱼料是浮性料，可以清楚地看到鱼是否吃料，只要有鱼吃料都继续投，直到鱼停止摄食鱼料时才停止，最终取得鱼虾都丰收的好成绩。这个经验应值得借鉴，既做到投喂饲料不过量，又做到不缺料。

为了防止投喂鱼料过量，在饲料台放下 0.5 千克鱼料，隔半小时后检查，若吃光，应加料，避免鱼饥饿吃虾。

（二十六）滥用药物

滥用药物是许多虾浓存在的错误的养殖方法。许多虾农认为，虾病是病菌病毒引起。把病菌病毒杀死了，虾就不会发病。也有专家指出：药物防治手段仍是水产动物病害防治的一个重要措施。以上这些观点都是错误的。

众所周知，不管科学技术多么发达，永远都不可能有某种药物只杀死病毒、病菌和寄生虫之类有害生物，而对有益生物没有影响。而在养殖环境中，永远不可能只存在有益微生物而没有有害生物。而且有 90% 以上都是有益生物，这些有益生物是维持水体生态平衡的主力军。在对虾养殖过程中，当虾处在健康状态时，在其内外环境中存在一个相对稳定的微生物优势种群，组成正常的微生物群。既参与宿主的生理系统活动，又能很好地促进有益菌的生长，抑制有害菌的增生，形成抵御虾病的第一道防线。在正常状态下虾、微生物和生态环境三者构成一个动态平衡，在一定的允许范围内，此种平衡有相对的稳定性。虾不易发病，生长正常，而使用各种消毒剂和抗生素后，不仅将有害的病毒、病菌杀死，也把池中有益微生物杀死。这些有益微生物是维持水体生态平衡、抵御致病菌的主力军。使用上述药物后，使水体、虾体表及体内的有益生物遭破坏，从而降低虾的免疫力，甚至完全失去免疫力，病毒、病菌便突破首道防线侵入体内，导致虾发病。

从大量实践证明，生态养殖对虾是取得养虾成功的根本出路。随着科学技术的不断进步，采用生态养虾方法，使用微生物制剂和各种水质和底质改良剂都是养殖对虾成功的好方法。

（二十七）中间毒塘工作没有做好

中间毒塘技术是精养对虾模式的一种方法，它不适合混养鱼模式。

中间毒塘是使用茶麸把由于种种原因而进入虾塘的野杂鱼类杀死。在珠江三角洲地区，在精养虾常有许多罗非鱼等野杂鱼，这些鱼类繁殖速度非常快，危害性极大，应及时杀死。

中间毒塘方法是使用 5 ～ 8 克 / 米^3 浓度的茶籽饼，先把茶籽饼加水溶解，全池泼洒，12 ～ 24 小时后会把鱼类毒死。毒死的鱼类应及时捞走，以免污染水质。

有些书刊报道用 15 克 / 米^3 茶麸进行中间毒塘，这是错误的。笔者曾听到，由于书刊报道用 15 克 / 米^3 茶麸中间毒塘而把虾毒死。笔者于 2019 年在养虾时，用 8 克 / 米^3 茶麸浓度把罗非鱼杀死。但有些鱼，例如有些虾虎鱼类没有毒死，浓度应大些。

（二十八）没有做好对不良和恶劣环境的预防工作

环境对虾生长影响极大，良好环境是对虾养殖成功的主要原因，不良环境是对虾发病的最主要原因之一。每年虾病的发生往往出现在季节转换、台风、大暴雨和连绵的阴雨天。这些不良环境导致水深、水温、盐度、气压、溶解氧等的变化。如果在环境变化前做好水质的管理工作，各要素都处在良好状况，抗击灾害性天气的能力就强，如果水质状况平时就不好，一旦遇上灾害性天气，各要素就更容易发生突变，抗击自然灾害能力就减弱，虾就很容易发病。为此，在养虾全过程就应做好每个环节的工作，使水质都处在良好状态，这是自然灾害期间最重要的工作。

自然灾害在每年都会遇到，不可避免。为此，应在自然灾害到来之前、期间和过后做好预防工作。在硬件方面，应做好堤坝的安全工作，同时应做好防应激反应工作，例如泼洒维生素 C、维生素 E 和葡萄糖、粒粒氧等。

（二十九）不及时卖虾

卖虾是对虾养殖的最后一个环节。这个环节也极其重要，一旦失误就会前功尽弃。

不及时卖虾往往表现在如下三个方面：

1. 嫌虾价低，等待升价卖虾，结果带来重大损失

虾价是由市场决定的，这是不以人们意志为转变的客观规律，虾多时低价，虾少时价格高。而我们养的虾往往受天气的影响，按季节养虾，按季节放苗，这就不可避免地出同时卖虾，而市场需求往往是固定的，这就是市场经济的规律，为此，在卖虾时应端正思想，树立正确的卖虾观点。按目前我国养虾状况，只要养殖成功，都会赚钱，应及时做好卖虾工作，这是因为，对虾养殖是高风险产业，它的风险以天计时，多养殖一天，风险就多一天。

2. 虾已发病，不及时卖虾

笔者长期应邀到全国各地做对虾养殖技术服务，在广东某地遇到一位虾农的虾已达上市规格。正值这时虾已发病，出现游塘和吃料减少等现象，笔者建议以最快速度卖虾，但该虾农说，现在卖虾价格低，若卖会亏本，坚持不卖虾，后来是采取内服和泼药等方法抢救，结果出现死虾等现象，最后还是卖掉，损失惨重。这是因为，由于发病时间长，产量减少，虾价也降低所致。

3. 恶劣天气到来之前不及时卖虾

利用各种方法和途径，及时了解天气预报，是虾农养虾的重要任务，这对于收虾也有重要意义。

台风每年都会对我国沿海地区造成重大影响，只是地区不同而已。台风登陆期间正是养虾季节，若虾已到上市规格，极有可能在本地区登陆时，应及时以最快速度卖虾。台风从形成到登陆，往往 3 ~ 5 天，甚至更

长，在这期间应密切注意台风动向，做到及时卖虾。

强冷空气对养殖对虾有极大影响。在广东珠江三角洲地区等 11 月通常气温都适合南美白对虾生长，但在几年前就出现冻死虾的现象，因此在养殖期间不仅需要了解天气的普遍规律，而且也要了解天气的特殊情况，若得知冷空气有可能冻死虾，而虾又达到上市规格应及时卖虾。

（三十）没有做好或没有做养殖日志工作

对虾养殖是否成功，关键是养殖技术。目前我国养殖对虾形势非常严峻，有 80% 左右虾农养虾失败，许多地区许多虾农都不敢养虾，或是破产或是失业，或是转业。其重要原因之一，是养殖技术不到位。

知识的来源主要是两个方面，一是书本知识，一是实践中总结出来。养虾是门综合科学，而且是一门生命科学，它涉及很多学科。要真正掌握好这门科学，实践很重要。做好养殖日志是总结经验教训、提高水平的最重要方法。这个工作常被许多虾农忽视，这是错误的，一个人的记忆能力是有限的，而且容易忘记，做好养殖日志，经过长期积累，长期总结，就可以不间断提高养殖水平。

（三十一）管理不善

管理不善也是养虾失败的重要原因之一。这是因为，养虾是高风险产业，由许多个环节组成，只要有一个环节失误，都可能使养虾失败。例如在广东珠江三角洲某地，有一位养殖户的虾已达上市规格，产值达 100 万以上，由于夜里突然停电，又没有及时发现，天亮时发现虾大量死亡，损失惨重。又例如在广东某地虾场，虾塘负责人安排养虾工人使用沸石粉，不知道什么原因，工人误用了漂白粉，而漂白粉的用法和用量截然不同，结果把池中虾全都毒死，这是很深刻的教训。

目前在养虾过程中存在许多误区，也存在许多麻痹大意思想，没有备好粒粒氧和发电设备等，当电网因故突然停电，特别是晚上停电就有可能产生严重后果。为此，应在养虾全过程，在每个环节上做好每个细微工作，例如买好苗、买好饲料、使用好各种药物等。

（三十二）没有科学学习养虾技术

科学技术是第一生产力，这是千真万确的真理。养虾是一门综合学科，有许多知识要学，有生物学知识，有非生物学知识，只有不断学习，才能跟上形势的发展。对虾养殖也从传统的养殖模式，转变为现代化科学养殖模式，出现许多新技术、新知识。例如，水质检测已智能化，也出现智能喂虾机。它通过模拟人工撒料的方式，全模具制作船体，总重 75 千克。它用 12 伏蓄电池驱动，利用太阳能供电，使用全过程都不用人为供电。它可以载 45 千克饲料，距离岸边 1.5 米缠绕塘边航驶，数控投料速度。通过中央控制器处理数据自动控制距离，遇到障碍物时，自动避让。按照设定的方式自动出航和停航，实现全自动投喂。笔者使用"喂虾机"取得良好经济效益和社会效益。

目前在许多虾农中存在不看书不学习的不良作风，甚至误传"什么养虾只有输家和赢家，没有专家"。这表明在一些虾农中没有学习的习惯，这也是我国目前养虾有 80% 亏本的重要原因之一。笔者长期从事对虾养殖和研究工作，长期在生产第一线，尝到学习养虾知识的甜头，长期订阅"科学养鱼""水产前沿""中国水产"等杂志，长期上网学习养虾知识，收集 340 条本资料，应海洋出版社邀请，写了三本有关养虾书籍，深受广大读者欢迎，广交许多养虾朋友，这些都是长期不断学习和总结经验教训的结果。建议有志从事对虾养殖的虾农和有关人员订阅上述杂志，努力学习养虾知识，努力提高养虾水平，取得养虾成功。

总之，对虾养殖是最具有自然条件、最易开发、技术条件最成熟和效益最好产业之一，是大有作为的产业。目前我国养虾业遇到许多困难，特别是虾病严重，许多虾农破产、转行、转业，这都是客观存在的事实。但每年，在不同地区，都有许多养虾成功的例子，例如近日就在网上流传，16 亩土塘年利润达 200 万元。这就说明，养虾技术到位，养虾成功是可能的，养虾只要树立远大理想，不怕辛苦，勤恳学习一定会成功。特别随着科技的不断进步，智能养虾技术即将到来，养殖技术会有更大发展。

据报道，目前我国对虾养殖年产量为 140 万吨，每年缺口 50 万～70 万吨，随着我国人民生活水平的提高，虾的销售量也要大增，只要养虾能成功，都会赚钱，为此，应在养虾过程中努力提高技术水平。努力树立科学发展观，不靠天气，不靠运气，树立科学精神、科学方法、科学技术取胜的思想，扎扎实实地做好对虾养殖全过程的每个环节工作，夺取对虾养殖的胜利。

附 录

附录1 南美白对虾体长、体重测定表

体长 / 厘米	体重 / 克	体长 / 厘米	体重 / 克	体长 / 厘米	体重 / 克	体长 / 厘米	体重 / 克
0.9	0.003 5	6.4	3.7	8.5	5.8	10.9	12.0
1.2	0.025	6.6	4.1	8.6	6.0	11.0	11.5
2.0	0.1	6.8	4.4	9.1	6.8	11.0	11.8
2.7	0.2	7.0	4.8	9.2	7.4	11.0*	11.7
3.0	0.4	7.2	5.3	9.5	9.3	11.1	14.0
3.4	0.5	7.4	5.7	9.7	10.0	11.1	14.1
3.8	0.8	7.6	4.3	9.7	8.0	11.1*	14.1
4.0	0.9	7.7	4.5	9.7*	9.0	11.2	13.0
4.4	1.2	7.9	4.7	9.8	8.8	11.3	14.8
4.7	1.5	8.0	4.9	10.0	9.2	11.7	16.0
5.0	1.8	8.1	5.4	10.5	12.0	11.7	16.1
5.3	2.1	8.2	5.5	10.6	12.5	11.7*	16.1
5.5	2.3	8.2	6.0	10.6	10.8	12.0	14.3
5.8	2.7	8.2*	5.8	10.6*	11.7	12.1	17.2
6.0	3.0	8.3	6.5	10.7	12.3	12.4	17.8
6.2	3.4	8.4	5.6	10.8	11.0		

注：体长计算：眼柄前缘至尾节末端。测定时间、地点、方法：春秋、池塘现场、活虾。定位取小数点后一位，小数点后两位为4舍5入。*为上两项相同体长。本表体长0.9～7.4及其体重数值为刘金康先生在海南现场提供，特此致谢。测定工具：游标卡尺、药物天平。本表及有关说明是摘自赖晓勇（2003）。

附录2 禁用渔药表

药物名称	化学名称（组成）	别名
地虫硫磷fonofos	0－乙基－S苯基二硫代磷酸乙酯	大风雷
六六六BHC(HCH) benzem. boxachloridge	1, 2, 3, 4, 5, 6－六氯环己烷	
林丹 lindanle, gammaxare, gamma-BHC gamma-HCH	r-1, 2, 3, 4, 5, 6－六氯环己烷	丙体六六六
毒杀芬 campHechlor (ISO)	八氯莰烯	氧化莰烯
滴滴涕DDT	2, 2 —双（对氯苯基）－1, 1.1－三氯乙烷	
甘汞 calomel	二氯化汞	
硝酸亚汞 mercurous nitrate	硝酸亚汞	
醋酸汞 mercuric acetate	醋酸汞	
呋喃丹 carbofuran	2, 3－二氢－2, 2－二甲基－7－苯并峡呋喃基一甲基氨基甲酸酯	克百威、大扶农
杀虫脒 chlordimeform	N－（2－甲基－4－氯苯基）N’, N’－二甲基甲脒盐酸盐	克死螨
双甲脒amtraz	1. 5－双－（2, 4－二甲基苯基－3－（2，2－二氯乙烯基）－2, 2－二甲基环丙烷羧酸酯	
氟氯氰菊酯	a－氤基－3－苯氧基－4－氟苄基（1R, 3R）－3－（2, 2－二氯乙烯基）－2, 2－二甲基环丙烷羧酸酯	百树菊酯、百树得
氟氰戊酯菊酯flucythrinate	（R. S）－a－氰基－3－苯氧苄基－（R, S）－2－（二氯酯甲氧基）－3－甲基丁酸酯	保好乌江、氟氰菊酯
五氯酚钠PCP-Na	五氯酚钠	
孔雀石绿 malachite green	$C_{23}H_{25}CIN_2$	碱性绿、盐基块绿、孔雀绿
锥虫胂胺 tnyparsamide		
酒石酸锑钾 anitmonyl potassium tartrate	酒石酸锑钾	
磺胺噻唑sulfathiazolum ST, norsultazo	2－（对氨基苯磺酰胺）－噻唑	消治龙

续表

药物名称	化学名称（组成）	别名
磺胺脒sulfaguanidine	–脒基磺胺	磺胺胍
呋喃西林furaci11inum, nifurpirino	5–硝基呋喃醛缩氨基脲	呋喃新
呋喃唑酮furazolidonum, nifulidone	3–（5–硝基糠叉胺基）–2–噁唑烷酮	痢特灵
呋喃那斯furanace, nifurpirinol	6–羟甲基–2–[5–硝基–2–映喃基乙烯基]吡啶	P-7138（实验名）
氯霉素（包括其盐、酯及制剂）chlorampHennicol	由委内瑞拉链霉素生产或合成法制成	
红毒素 erythromycin	属微生物合成，是红霉素链球菌Streptomyces erythreus产生的抗生素	
杆菌肽锌zinc bacitracin premin	由枯草杆菌Bacillus subtihs 或B.leicheniformis所产生的抗生素，为一含有唾嗤环的多肽化合物	枯草菌肽
泰乐菌素tylosin	s. fradiae所产生的抗生素	
环丙沙星 ciprofloxacin(CIPRO)	为合成的第三代喹诺酮类抗菌药，常用盐酸盐水合物	环丙氟哌 酸
阿伏帕星 avoparcin		阿伏霉素
喹乙醇 olaquindox	喹乙醇	喹酰胺醇，羟乙喹氧
速达肥 fenbendazole	5–苯硫基–2–苯并味唑	苯硫哒唎 唑氨甲基甲酯
己烯雌酚（包括雌二醇等其他类似合成等雌性激素）diethylstilbestrol, stilbestrol	人工合成的非甾体雌激素	乙烯雌酚，人造求偶素
甲基睾丸酮（包括丙酸睾丸酮、去氢甲睾酮以及同化物等雄性激素）Methy 1testosterone, metandren	睾丸素C_{17}的甲基衍生物	甲睾酮甲基睾酮

资料来源：中华人民共和国农业行业标准NY 5071—2002。

附录3 渔业水质标准

序号	项目	标准值
1	色、臭、味	不得使鱼、虾、贝、藻类带有异色、异臭、异味
2	漂浮物质	水面不得出现明显油膜或浮沫
3	悬浮物质	人为增加的量不得超过10毫克/升，而且悬浮物质沉积于底部后，不得对鱼、虾、贝类产生有害的影响
4	pH	淡水 6.5 ~ 8.5，海水 7.0 ~ 8.5
5	生化需氧量（5天、20 ℃）	不超过5 mg/L，冰封期不超过3 mg/L
6	溶解氧	连续24小时中，16小时以上必须大于5毫克/升，其余任何时候不得低于3 mg/L，对于鲑科鱼类栖息水域冰封期，其余任何时候不得低于4 mg/L
7	总大肠菌群	不超过5 000 个/升，冰封期不超过3毫克/升
8	汞	≤ 0.0005 mg/L
9	镉	≤ 0.005 mg/L
10	铅	≤ 0.05 mg/L
11	铬	≤ 0.1 mg/L
12	铜	≤ 0.01 mg/L
13	锌	≤ 0.1 mg/L
14	镍	≤0.05 mg/L
15	砷	≤0.05 mg/L
16	氰化物	≤0.005 mg/L
17	硫化物	≤0.2 mg/L
18	氟化物（以F计）	≤1 mg/L
19	非离子氨	≤0.02 mg/L
20	凯氏氮	≤0.05 mg/L

序号	项目	标准值
21	挥发性酚	≤0.005 mg/L
22	黄磷	≤0.001 mg/L
23	石油类	≤0.05 mg/L
24	丙烯腈	≤0.5 mg/L
25	丙烯醛	≤0.02 mg/L
26	六六六（丙休）	≤0.002 mg/L
27	滴滴涕	≤0.001 mg/L
28	马拉硫磷	≤0.005 mg/L
29	五氯酚钠	≤0.01 mg/L
30	乐果	≤0.1 mg/L
31	甲胺磷	≤0.1 mg/L
32	甲基对硫磷	≤0.000 5 mg/L
33	呋喃丹	≤0.01 mg/L

资料来源：中华人民共和国国家标准GB 11607—89。

附录4　不同温度对海水相对密度与盐度查对表

温度/℃	相对密度															
	1.000	1.001	1.002	1.003	1.004	1.005	1.006	1.007	1.008	1.009	1.010	1.011	1.012	1.013	1.014	1.015
0				2.7	4.0	5.2	6.4	7.7	8.8	10.2	11.3	12.0	13.8	15.0	16.3	17.5
1				2.6	3.9	5.1	6.3	7.6	8.8	10.1	11.3	12.6	13.8	15.0	16.3	17.5
2				2.4	3.7	5.1	6.2	7.5	8.8	10.0	11.3	12.5	13.8	15.0	16.3	17.5
3				2.4	3.7	5.1	6.2	7.5	8.8	10.0	11.2	12.5	13.8	15.0	16.3	17.5
4				2.4	3.7	5.1	6.2	7.5	8.8	10.0	11.2	12.5	13.8	15.0	16.3	17.6
5				2.4	3.7	5.1	6.2	7.5	8.8	10.0	11.2	12.6	13.8	15.0	16.4	17.6
6				2.4	3.7	5.1	6.2	7.5	8.8	10.0	11.3	12.7	13.8	15.0	16.5	1.7
7				2.5	3.8	5.1	6.3	7.6	8.9	10.1	11.4	12.7	13.9	15.2	16.5	17.8
8				2.6	3.9	5.1	6.4	7.7	9.0	10.2	11.5	12.8	14.0	15.3	16.6	17.9
9				2.6	3.9	5.2	6.5	7.7	9.0	10.3	11.6	12.8	14.1	15.4	16.8	18.1
10				2.7	4.0	5.3	6.6	7.8	9.1	10.4	11.7	12.9	14.2	15.5	16.9	18.2
11				2.9	4.2	5.4	6.7	8.0	9.3	10.6	11.9	13.1	14.4	15.7	17.0	18.3
12				3.0	4.3	5.5	6.8	8.1	9.4	10.7	12.0	13.2	14.5	15.8	17.1	18.4
13				3.1	4.4	5.7	7.0	8.3	9.6	10.9	12.2	13.4	14.7	16.0	17.9	18.6
14				3.1	4.6	5.9	7.2	8.5	9.8	11.1	12.4	13.6	14.9	16.2	17.5	18.8

续表

温度/°C	相对密度															
	1.000	1.001	1.002	1.003	1.004	1.005	1.006	1.007	1.008	1.009	1.010	1.011	1.012	1.013	1.014	1.015
15			2.0	3.4	4.7	6.0	7.3	8.6	9.9	11.2	12.5	13.8	15.1	16.4	17.7	19.0
16			2.3	3.6	4.9	6.2	7.5	8.8	10.1	11.4	12.7	14.0	15.3	16.6	17.9	19.2
17			2.5	3.7	5.1	6.4	7.7	9.0	10.3	11.6	12.9	14.2	15.5	16.9	18.2	19.5
18			2.8	4.0	5.4	6.7	8.0	9.3	10.6	11.9	13.2	14.4	15.7	17.1	18.4	19.7
19			3.0	4.3	5.6	6.9	8.2	9.5	10.8	12.1	13.4	14.7	16.0	17.1	18.6	19.9
20		1.8	3.2	4.5	5.9	7.2	8.5	9.8	11.1	12.4	13.7	15.0	16.3	17.6	18.9	20.2
21		2.1	3.4	4.7	6.1	7.4	8.7	10.0	11.3	12.7	14.0	15.3	16.6	17.9	19.2	20.5
22		2.4	3.7	5.0	6.4	7.7	9.0	10.3	11.6	13.0	14.3	15.6	17.0	18.3	19.6	20.9
23		2.7	4.0	5.3	6.4	7.9	9.2	10.6	11.9	13.3	14.6	15.9	17.3	18.6	19.0	21.2
24		2.9	4.3	5.6	7.0	8.3	9.6	10.9	12.2	13.6	15.0	16.3	17.6	18.9	20.0	21.6
25	1.9	3.2	4.5	5.8	7.3	8.6	9.9	11.2	12.5	13.8	15.3	16.6	17.9	19.2	20.5	21.9
26	2.3	3.6	4.9	6.2	7.6	7.9	10.3	11.6	12.9	14.2	15.6	17.0	18.3	19.6	20.9	22.3
27	2.6	3.9	5.2	6.6	7.9	9.2	10.6	11.9	13.3	14.6	15.9	17.3	18.6	20.0	21.3	22.6
28	2.9	4.3	5.6	7.0	8.3	9.6	11.0	12.3	13.7	15.0	16.3	17.7	19.0	20.4	21.7	23.0
29	3.2	4.7	6.0	7.3	8.6	10.0	11.3	12.7	14.0	15.4	16.7	18.0	19.4	20.7	22.1	23.4

续表

温度/°C	相对密度														
	1.016	1.017	1.018	1.019	1.020	1.021	1.022	1.023	1.024	1.025	1.026	1.027	1.028	1.029	1.030
0	18.8	20.1	21.3	22.5	23.8	25.0	26.3	27.5	28.8	30.0	31.3	32.5	33.8	35.0	36.1
1	18.8	20.1	21.3	22.5	23.8	25.0	26.3	27.5	28.8	30.0	31.3	32.6	33.8	35.1	36.2
2	18.8	20.1	21.3	22.5	23.8	25.0	26.3	27.5	28.8	30.1	31.3	32.6	33.8	35.1	36.3
3	18.8	20.1	21.3	22.6	24.0	25.1	26.4	27.6	28.9	30.2	31.4	32.7	33.9	35.2	36.4
4	18.8	20.1	21.3	22.6	24.0	25.1	26.5	27.6	28.9	30.3	31.4	32.7	34.0	35.2	36.5
5	18.9	20.2	21.4	22.7	24.1	25.2	26.5	27.8	29.0	30.3	31.6	32.9	34.1	35.4	36.7
6	19.0	20.3	21.5	22.8	24.1	25.3	26.6	27.9	29.1	30.4	31.7	33.0	34.2	35.5	36.8
7	19.0	20.3	21.6	22.9	24.1	25.4	26.7	28.1	29.2	30.5	31.8	33.2	34.3	35.6	36.9
8	19.1	20.4	21.7	23.0	24.2	25.5	26.8	28.2	29.3	30.6	31.9	33.3	34.4	35.7	37.0
9	19.3	20.6	21.9	23.2	24.4	25.7	27.0	28.3	29.5	30.8	32.1	33.4	34.6	35.9	37.2
10	19.4	20.7	22.0	23.3	24.6	25.8	27.1	28.4	29.7	31.0	32.3	33.6	34.8	36.1	37.4
11	19.6	20.9	22.2	23.5	24.8	26.0	27.3	28.6	29.9	31.2	32.5	33.8	35.0	36.3	37.6
12	19.7	21.1	22.4	23.7	24.9	26.2	27.5	28.8	30.1	31.4	32.7	34.0	35.2	36.5	37.8
13	19.9	21.3	22.6	23.9	25.1	26.4	27.7	29.0	30.3	31.6	32.9	34.2	35.5	36.6	38.1
14	20.1	21.5	22.8	24.1	25.3	26.6	27.9	29.2	30.5	31.8	33.1	34.4	35.7	37.0	38.4

续表

温度 /°C	相对密度														
	1.016	1.017	1.018	1.019	1.020	1.021	1.022	1.023	1.024	1.025	1.026	1.027	1.028	1.029	1.030
15	20.3	21.7	23.0	24.3	25.5	26.8	28.1	29.4	30.7	32.0	33.4	34.7	36.0	37.3	38.7
16	20.5	21.9	23.2	24.5	25.8	27.1	28.4	29.7	31.0	32.3	33.7	35.0	36.3	37.6	38.9
17	20.8	22.1	23.4	24.7	26.1	27.4	28.7	30.0	31.3	32.6	33.9	35.2	36.5	37.8	39.2
18	21.0	22.3	23.6	24.9	26.3	27.6	28.9	30.2	31.5	32.8	34.1	35.4	36.8	38.2	39.5
19	21.3	22.6	23.9	25.2	26.6	27.9	29.2	30.5	31.8	33.1	34.4	35.7	37.1	38.5	39.8
20	21.6	22.9	24.2	25.5	26.9	28.2	29.5	31.0	32.1	33.4	34.7	36.0	37.4	38.8	40.1
21	21.9	23.3	24.6	25.9	27.2	28.6	29.9	31.2	32.4	33.8	35.1	36.4	37.7	39.1	40.4
22	22.3	23.6	25.0	26.3	27.6	28.9	30.2	31.5	32.8	34.1	35.4	36.8	38.1	39.5	40.8
23	22.6	23.8	25.3	26.6	27.9	29.2	30.5	32.0	33.1	34.4	35.7	37.2	38.5	39.8	41.1
24	22.9	24.4	25.6	26.9	28.3	29.6	30.9	32.2	33.5	34.8	36.1	37.5	38.8	40.1	41.5
25	23.3	24.6	25.9	27.2	28.6	29.9	31.2	32.6	33.9	35.2	36.5	37.8	39.1	40.4	
26	23.7	25.0	26.0	27.6	29.0	30.3	31.6	33.0	34.3	35.6	36.9	38.2	39.5	40.8	
27	24.0	25.3	26.3	28.0	29.3	30.6	31.9	33.3	34.6	36.0	37.3	38.6	39.9	41.2	
28	24.4	25.7	27.0	28.4	29.7	31.0	32.3	33.7	35.1	36.4	37.7	39.0	40.3		
29	24.7	26.1	27.4	28.8	30.1	31.4	32.7	34.0	35.5	36.8	38.1	39.4	40.7		

附录5　常用换算单位机器换算关系

法定计量单位	名称	符号	换算关系	非法定计算单位	换算关系
长度	千米	km	1米＝100厘米	市尺	1市尺＝1/3米
	米	m	1厘米＝100毫米	市寸	1市寸＝3.33厘米
	分米	dm	1毫米＝1 000微米	英寸	1英寸＝2.54厘米
	厘米	cm			
	毫米	mm			
面积	米^2	m^2	1平方米＝10 000平方厘米		
			1市亩＝666.67平方米		
			（市制为保留使用单位）		
体积（容积）	升	L	1立方米＝1 000升		
			1升＝1 000立方厘米		
			1升＝1 000毫升		
质量	吨	t	1吨＝1 000千克	担	1担＝50千克
	千克	kg	1千克＝1 000克	市斤	1市斤＝500克
	克	g	1克＝1 000毫克	市两	1市两＝50克
	毫克	mg	1毫克＝1 000微克	市钱	1市钱＝5克
	微克	ug			

附录6 国际标准筛绢规格

号数	每英寸网孔数	孔径/微米	号数	每英寸网孔数	孔径/微米
0000	18	1 364	10	100	158
000	23	1 024	11	116	145
00	29	754	12	125	119
0	38	564	13	129	112
1	48	417	14	139	99
2	54	366	15	150	94
3	58	333	16	157	86
4	62	318	17	163	81
5	66	282	18	166	79
6	74	239	19	169	77
7	82	224	20	173	76
8	86	203	21	178	69
9	97	168	22	200	64

小知识

在不同温度下，海水相对密度与盐度计算公式：

水温高于17.5℃时

$S = 1\,305$（相对密度 − 1）+（$t - 17.5$）× 0.3

水温低于17.5℃时

$S = 1\,305$（相对密度 − 1）+（$t - 17.5$）× 0.2

国际标准筛绢网“目”的意思

“目”即表示1英寸长（约为2.54 厘米）距离内网纱孔数。

参考文献

陈伟杨, 2008. 对虾纤毛虫病的防治 [J]. 科学养鱼, (01): 49−50.

仇录曾， 1992. 江苏对虾养殖急待改进的技术问题 [J]. 水产养殖 ,(05): 22−25.

丁永良, 2000. 水族馆与养鱼工厂人造水体的净水微生物 [J]. 现代渔业信息, (10): 6−10.

冯洪超, 李振武, 2014. 蓝藻的生物防控 [J]. 海洋与渔业 · 水产前沿, (2): 85−86.

冯辉, 2000. 水体 pH 的作用和调节 [J]. 中国水产, (12): 2.

冯宪斌, 苏晓洪, 2016. 华中地区南美白对虾虾苗淡化的关键技术 [J]. 海洋与渔业 · 水产前沿, (6): 85−87.

郭闯, 张敏, 盖建军, 等, 2017. 土池温室大棚淡化培育南美白对虾苗种技术实践 [J]. 科学养鱼, (2): 2.

何义进, 2002. 南美白对虾健康养殖技术之三 病害防治技术 (下)[J]. 科学养鱼, (06): 64.

黄明安, 2017. 冬棚虾养殖需做好哪”三要”与”三不要”[J]. 海洋与渔业 (水产前沿), (1): 2.

姜礼燔, 邢红平, 许云萍, 等, 2014. 鱼虾蟹疾病防治新技术 [M]. 北京: 金盾出版社 .

解承林, 王永恩, 1997. 对虾养殖与病害防治 [M]. 济南: 山东科学技术出版社 .

冷更生, 2015. 水产用抗生素替代品研究 [J]. 科学养鱼, (09): 52−53.

李钒, 2018. 成功率 8−9 成, 这个白对虾新品系不简单 [J]. 海洋与渔业 (水产前沿), (11): 81−83.

李生，朱旺明，周萌，2018. 南美白对虾高效养成新技术与实例 修订版 [M]. 北京：海洋出版社 .
李生，朱旺明，周萌，2013. 南美白对虾高效养成新技术与实例 [M]. 北京：海洋出版社 .
李卓佳，张庆，杨华泉，1997. 有益微生物在虾池中的作用 [J]. 中国水产，(06): 30−31.
刘万顿，1998. 浅谈增氧机的合理使用 [J]. 中国水产，(05): 25.
宋盛宪，李色东，陈丹，2013. 南美白对虾健康养殖技术 [M]. 北京：化学工业出版社 .
孙立喜，1998. 茶子饼清除虾池中害鱼的方法 [J]. 中国水产，(07):31.
唐建洲，刘臻，齐昭武，等，2015. 南美白对虾淡水湖泊养殖试验研究 [J]. 科学养鱼，(08): 30−31.
童合一，1988. 浅海滩涂海产养殖致富指南 [M]. 金盾出版社 .
吴锦亮，陈桥根，2001. 南美白对虾软壳病的防治 [J]. 科学养鱼，(10): 40.
吴琴瑟，1992. 虾蟹养殖高产技术 [M]. 中国农业出版社 .
吴淑梅，朱贻月，唐卫倩，2014. 微生物发酵饲料在水产养殖业上的应用 [J]. 科学养鱼，(07): 68−69.
吴耀华，2015. 南美白对虾早期死亡综合征防控措施 [J]. 科学养鱼，(5): 54−55.
杨丛海，2000. 对虾健康养殖研究的几个动态 [J]. 科学养鱼，(07): 5−6.
杨惠木，2002. 南美白对虾的养殖技术之八——南美白对虾兑淡养殖技术 [J]. 中国水产，(2): 1.
杨铿，杨莺莺，梁晓华，等，2014. 对虾养殖中常用三种有益菌的特性及应用 [J]. 海洋与渔业 · 水产前沿，(11): 84−85.
张道波，1998. 海水虾蟹类养殖技术 [M]. 青岛海洋大学出版社 .
张厚冰，2017. 养殖水体蓝藻的形成与防控方法对比 [J]. 科学养鱼，(02):

22–23.

张丽平 , 2017. 南美白对虾养殖中期与渤海花鲈混养技术 [J]. 科学养鱼 , (08): 47–48.

中国渔业政府网，渔业纵览 [J]. 科学养鱼 , (9): 47.

钟孟原 , 1999. 无特定病毒 SPF 白对虾养殖介绍 [J]. 中国水产 , (09): 62–63.

周丽 , 宫庆礼 , 1998. 海水鱼虾蟹贝病害防治技术 [M]. 青岛海洋大学出版社 .